はじめに

　自分の苦手なところを知って、その部分を練習してできるようにするというのは学習の基本です。

　それは学習だけでなく、運動でも同じです。

　自分の苦手なところがわからないと、算数全部が苦手だと思ったり、算数が嫌いだと認識したりしてしまうことがあります。少し練習すればできるようになるのに、ちょっとしたつまずきやかんちがいをそのままにして、算数嫌いになってしまうとすれば、それは残念なことです。

　このドリルは、チェックで自分の苦手なところを知り、ホップ、ステップでその苦手なところを回復し、たしかめで自分の回復度、達成度、伸びを実感できるように構成されています。

　チェックでまちがった問題も、ホップ・ステップで練習をすれば、たしかめが必ずできるようになり、点数アップと自分の伸びが実感できます。

　チェックは、各単元の問題をまんべんなく載せています。問題を解くことで、自分の得意なところ、苦手なところがわかるように構成されています。

　ホップ・ステップでは、学習指導要領の指導内容である知識・技能、思考・判断・表現といった資質・能力を伸ばす問題を載せています。計算や図形などの基本的な性質などの理解と計算などを使いこなす力、文章題など筋道を立てて考える力、理由などを説明する力がつきます。

　チェックの各問題のあとに ホップ❶へ! ステップ❶へ! などと示し、まちがった問題や苦手な問題を補強するための類似問題が、ホップ・ステップのどこにあるのかがわかるようになっています。

　さらに、ジャンプは発展的な問題で、算数的な考え方をつける問題を載せています。少しむずかしい問題もありますが、チェック、ホップ、ステップ、たしかめがスラスラできたら、挑戦してください。

　また、各学年の学習内容を14単元にまとめていますので、テスト前の復習や短時間での1年間のおさらいにも適しています。

　このドリルで、算数の苦手な子は自分の弱点を克服し、得意な子はさらに自信を深めて、わかる喜び、できる楽しさを感じ、算数を好きになってほしいと願っています。

学力の基礎をきたえどの子も伸ばす研究会

★このドリルの使い方★

チェック

まずは自分の実力をチェック！

答え合わせをしてまちがえたら、問題の ホップ **1** へ！ 、 ステップ **2** へ！

といった矢印を確認しましょう。

※おうちの方へ

　……低学年の保護者の方は、ぜひいっしょに答え合わせと採点をしてあげてください。

　そして、できたこと、できなくてもチャレンジしたことを認めてほめてあげてください。できることも大切ですが、学習への意欲を育てることも大切です。

ホップ と ステップ

チェック で確認したやじるしの問題に取り組みましょう。

まちがえた問題も、これでわかるようになります。

たしかめ

改めて実力をチェック！

ホップ、ステップ に取り組んだあなたなら、きっと **チェック** のときよりも点数が伸びているはずです。

ジャンプ

もっとできるあなたにチャレンジ問題。

ぜひ挑戦してみてください。

★ ぎゃくてん！算数ドリル　小学１年生　もくじ ★

1 ぶんを　よんで　○を　1こ　ぬりましょう。

いちご

　が **1** こで　 いち　

2 1を　こえに　だしながら　なぞりましょう。

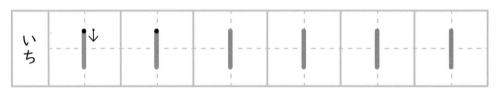

3 ぶんを　よんで　○を　2こ　ぬりましょう。

にんじん

　が **2** こで　 に　

4 2を　こえに　だしながら　なぞりましょう。

1から 10の れんしゅう②

がつ　　　にち

なまえ

1 ぶんを よんで ○を 3こ ぬりましょう。

サンドイッチ

が**3**こで

さん

3

○○○○○
○○○○○

2 3を こえに だしながら なぞりましょう。

3 ぶんを よんで ○を 4こ ぬりましょう。

ヨーグルト

が**4**つで

よん

4

○○○○○
○○○○○

4 4を こえに だしながら なぞりましょう。

1 ぶんを よんで ○を 5こ ぬりましょう。

ゴリラ

が 5 ひきで

ご
5

○○○○○
○○○○○

2 5を こえに だしながら なぞりましょう。

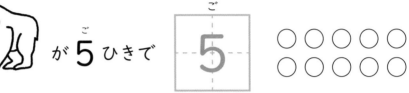
ご ①↓ ②→ 5 5 5 5 5 5

3 ぶんを よんで ○を 6こ ぬりましょう。

ろうそく

が 6 ぽんで

ろく
6

○○○○○
○○○○○

4 6を こえに だしながら なぞりましょう。

ろく 6 6 6 6 6 6

たしかめ ☆ 1から 10の れんしゅう④

1 ぶんを よんで ○を 7こ ぬりましょう。

なすび

が **7** こで

なな
7

○○○○○
○○○○○

2 7を こえに だしながら なぞりましょう。

3 ぶんを よんで ○を 8こ ぬりましょう。

はな

が **8** ぽんで

はち
8

○○○○○
○○○○○

4 8を こえに だしながら なぞりましょう。

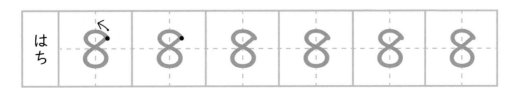

1から 10の れんしゅう⑤

1 ぶんを よんで ○を 9こ ぬりましょう。

きゅうり

が 9 ほんで

きゅう
9

○○○○○
○○○○

2 9を こえに だしながら なぞりましょう。

きゅう 9 9 9 9 9 9

3 ぶんを よんで ○を 10こ ぬりましょう。

じてんしゃ

が 10 だいで

じゅう
10

○○○○○
○○○○○

4 10を こえに だしながら なぞりましょう。

じゅう ①↓ ②↶ 10 10 10 10 10 10

1から 10の れんしゅう⑥

がつ　　　　にち

なまえ

○ 1から 10を ていねいに かきましょう。

いち	1	1				1
に	2	2				2
さん	3	3				3
よん	4	4				4
ご	5	5				5
ろく	6	6				6
なな	7	7				7
はち	8	8				8
きゅう	9	9				9
じゅう	10	10				10

いくつと いくつ

1 つぎの かずは いくつと いくつに なりますか。　(5てん×6)

①
5	
1	

②
6	
3	

③
7	
2	

④
8	
	5

⑤
9	
	2

⑥
10	
	3

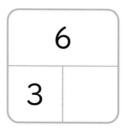

ホップ **1** へ!

2 あわせると いくつに なりますか。　(10てん×4)

① 3 と 4 で ☐

② 1 と 6 で ☐

③ 5 と ☐ で 8

④ 2 と 7 で ☐

ホップ **2** へ!

3 おはじきが　6つ　あります。
かくれているのは　なんこですか。
(10てん×2)

①

こたえ _____

②

こたえ _____

ステップ **1** へ！

4 10に　なる　てんと　てんを　むすびましょう。
(10てん)

| 1 | 4 | 3 | 5 | 2 |

| 7 | 6 | 9 | 8 | 5 |

ステップ **3** へ！

てん

がんばったね！

いくつと いくつ

がつ　　　　にち

なまえ

1 つぎの かずは いくつと いくつに なりますか。

①
5	
2	3

②
2	
1	

③
8	
4	

④
4	
1	

⑤
9	
	3

⑥
8	
	2

⑦
7	
	3

⑧
4	
	2

⑨
9	
	6

⑩
10	
	7

⑪
10	
	6

⑫
10	
5	

2 あわせると　いくつに　なりますか。

① 1 と 5 で ☐　　② 2 と 6 で ☐

③ 3 と 2 で ☐　　④ 4 と 5 で ☐

⑤ 5 と 2 で ☐　　⑥ 1 と 7 で ☐

⑦ 1 と 8 で ☐　　⑧ 5 と 4 で ☐

⑨ 6 と 1 で ☐　　⑩ 1 と 2 で ☐

⑪ 9 と 1 で ☐　　⑫ 6 と 4 で ☐

⑬ 2 と 8 で ☐　　⑭ 8 と 2 で ☐

⑮ 3 と 0 で ☐　　⑯ 6 と 0 で ☐

\できた度/
☆☆☆☆☆

ステップ

いくつと　いくつ

1 おはじきが　7つ　あります。
かくれているのは　なんこですか。

 ①

こたえ _____

②

こたえ _____

2 カードを　2まい　とって　10を　4つ　つくりましょう。

2	3	4	5	9

7	10	6	1	8

こたえ （　　と　　）（　　と　　）（　　と　　）（　　と　　）

3 10 に なる てんと てんを むすびましょう。

| 3 | 10 | 5 | 2 | 9 |

| 0 | 8 | 5 | 1 | 7 |

4 つぎの えを みて あわせて いくつに なるか かきましょう。

①

こたえ ＿＿＿＿＿＿＿＿ にん

②

こたえ ＿＿＿＿＿＿＿＿ こ

\\ できた度 /
☆☆☆☆☆

いくつと いくつ

なまえ　　　　　がつ　　　にち

1 つぎの かずは いくつと いくつに なりますか。　（5てん×6）

①

5
3	

②

6
2	

③

7
4	

④

8
	4

⑤

9
	2

⑥

10
	5

2 あわせると いくつに なりますか。　（10てん×4）

① 3 と 5 で ☐

② 6 と 3 で ☐

③ 1 と ☐ で 10

④ 3 と 6 で ☐

3 おはじきが 9つ あります。
かくれているのは なんこですか。

(10 てん× 2)

①

こたえ _____

②

こたえ _____

4 10になる てんと てんを むすびましょう。

(10 てん)

8	0	9	3	4
•	•	•	•	•

•	•	•	•	•
6	1	7	2	10

チェック

てん

たしかめ

てん

チェック　なんばんめ

がつ　　　にち
なまえ

1 もんだいを　みて　◯で　かこみましょう。　　　(10てん×5)

① まえから　**3**にん

② まえから　**3**にんめ

③ まえから　**6**にん

④ まえから　**6**だいめ

⑤ まえから　**5**だい

ホップ 1 2 3 へ！

－ 18 －

2 どうぶつが でんしゃ あそびを しています。えを みて
□に かずを かきましょう。 (10てん×3)

りす　うさぎ　たぬき　きつね　くま

まえ

うしろ

① たぬきは まえから □ ばんめです。

② くまは うしろから □ ばんめです。

③ きつねの まえには □ びき どうぶつが います。

ステップ **1** へ!

3 どうぶつが マンションに すんでいます。えを みて こた
えましょう。 (10てん×2)

うえ

いぬ

きりん

ぞう

ねこ

さる

した

① きりんは うえから なんばんめですか。

こたえ _____

② したから **3** ばんめの どうぶつは なんですか。

こたえ _____

ステップ **2** へ!

てん

がんばったね!

なんばんめ

1 えを みて ◯で かこみましょう。

① まえから **2** だい

② まえから **2** だいめ

③ うしろから **4** だい

④ うしろから **4** だいめ

⑤ まえから **6** にん

⑥ まえから **6** にんめ

2 もんだいを みて えに ◯で かこみましょう。

① ひだりから **5**つめ

② みぎから **3**つめ

③ ひだりから **4**つ

3 みんなで ジェットコースターに のりました。もんだいを みて えに ◯で かこみましょう。

① うしろから **7**にんめ

② まえから **6**にん

\ できた度 /
☆☆☆☆☆

なんばんめ

1 えを　みて　もんだいに　こたえましょう。

まえ　ぶた　たぬき　きつね　うさぎ　ねこ　ぱんだ　うしろ

① たぬきと　うさぎの　あいだに　いる　どうぶつは　なんですか。

こたえ _____

② まえから　5ばんめの　どうぶつは　なんですか。

こたえ _____

2 えを　みて　○の　ランドセルの　ばしょを　こたえましょう。

① うえから　なんばんめですか。

こたえ _____

② みぎから　なんばんめですか。

こたえ _____

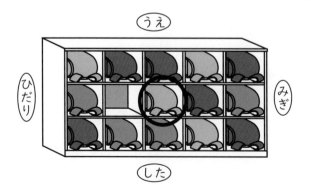

うえ

ひだり　　みぎ

した

3 ひらがなが　かいてある　カード（かあど）が　あります。
えを　みて　もんだいに　こたえましょう。

| （ひだり） | ぎ | ゃ | く | て | ん | さ | ん | す | う | （みぎ） |

① 「く」は　ひだりから　なんばんめですか。

こたえ _____

② 「く」は　みぎから　なんばんめですか。

こたえ _____

③ ひだりから　**6**ばんめの　カードの　もじは　なんですか。

こたえ _____

④ みぎから　**7**ばんめの　カードの　もじは　なんですか。

こたえ _____

\できた度（ど）/
☆☆☆☆☆

なんばんめ

1 もんだいを　みて　⬭で　かこみましょう。　　(10 てん × 5)

① まえから　**3**にん

② まえから　**5**にんめ

③ うしろから　**6**にん

④ うしろから　**6**だいめ

⑤ まえから　**6**だい

2 えを みて □に かずを かきましょう。　　　　　　(10てん×3)

りす　　うさぎ　たぬき　きつね　　くま

① たぬきは うしろから □ ばんめです。

② くまは まえから □ ばんめです。

③ くまの まえには □ ひき どうぶつが います。

3 えを みて こたえましょう。　　　　　　(10てん×2)

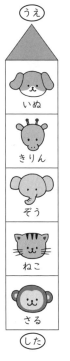

① さるは うえから なんばんめですか。

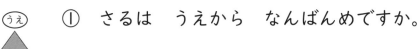
こたえ 　　　　　　　　　ばんめ

② したから **4**ばんめの どうぶつは なんですか。

こたえ 　　　　　　　　　

チェック
てん

たしかめ
てん

10までの たしざん

1 つぎの けいさんを しましょう。　　　　　　(5てん×5)

① $2 + 1 =$

② $3 + 2 =$

③ $4 + 3 =$

④ $6 + 2 =$

⑤ $3 + 5 =$

ホップ **1** へ!

2 つぎの けいさんを しましょう。　　　　　　(5てん×5)

① $7 + 2 =$

② $8 + 1 =$

③ $9 + 1 =$

④ $8 + 2 =$

⑤ $10 + 0 =$

ホップ **2** へ!

3 アヒルが 3わ いました。7わ とんで きました。
アヒルは あわせて なんわに なりましたか。

（しき5てん こたえ5てん）

しき

こたえ

ステップ 1 2 へ!

4 ひまわりが 4ほん、チューリップが 2ほん あります。
はなは あわせて なんぼん ありますか。（しき10てん こたえ10てん）

しき

こたえ

ステップ 3 4 5 へ!

5 どうぶつえんに ライオンが 3びき います。
キリンは 6ぴき います。
どうぶつは あわせて なんびき いますか。（しき10てん こたえ10てん）

しき

こたえ

ステップ 3 4 5 へ!

てん

がんばったね!

10までの　たしざん

なまえ　がつ　にち

1 つぎの　けいさんを　しましょう。

① 1 + 2 =

② 1 + 3 =

③ 2 + 2 =

④ 1 + 4 =

⑤ 2 + 4 =

⑥ 6 + 1 =

⑦ 3 + 4 =

⑧ 4 + 5 =

⑨ 2 + 5 =

⑩ 5 + 4 =

2 つぎの けいさんを しましょう。

① $6 + 3 =$

② $2 + 8 =$

③ $6 + 4 =$

④ $5 + 2 =$

⑤ $1 + 8 =$

⑥ $4 + 6 =$

⑦ $7 + 1 =$

⑧ $3 + 6 =$

⑨ $8 + 2 =$

⑩ $9 + 1 =$

＼できた度／

☆☆☆☆☆

10までの たしざん

1 とりが 2わ います。3わ とんで きました。
とりは なんわに なりましたか。
□に かずを かきましょう。

① 2わに □ わを たします。

② しきを かきます。

□ + □ = □

③ こたえは □ わ

2 わなげを 2かい しました。
1かいめは 2てんに はいりました。
2かいめは 6てんに はいりました。
あわせて なんてん はいりましたか。

しき

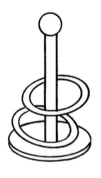

こたえ

3 おとうさんが みかんを 5こ たべました。
おかあさんは 3こ たべました。
みかんを ぜんぶで なんこ たべましたか。

しき

こたえ ＿＿＿＿＿＿＿＿＿＿

4 わたしは おりがみを 5まい もっています。
おねえさんが 5まい くれました。
おりがみは あわせて なんまいに なりましたか。

しき

こたえ ＿＿＿＿＿＿＿＿＿＿

5 りんごが 2こ あります。
なしは 7こ あります。
くだものは あわせて なんこ ありますか。

しき

こたえ ＿＿＿＿＿＿＿＿＿＿

＼できた度／
☆☆☆☆☆

10までの　たしざん

がつ　　　にち
なまえ

1 つぎの　けいさんを　しましょう。　　　　　　(5てん×5)

① $5 + 1 =$

② $7 + 2 =$

③ $4 + 4 =$

④ $2 + 7 =$

⑤ $3 + 6 =$

2 つぎの　けいさんを　しましょう。　　　　　　(5てん×5)

① $4 + 5 =$

② $3 + 7 =$

③ $7 + 3 =$

④ $5 + 5 =$

⑤ $7 + 0 =$

3 とりが　6わ　います。3わ　とんできました。
とりは　なんわに　なりましたか。(しき5てん　こたえ5てん)

しき

こたえ _____

4 ひまわりが　2ほん、チューリップが　4ほん
あります。はなは　あわせて　なんぼん
あvますか。　　　　　　(しき10てん　こたえ10てん)

しき

こたえ _____

5 どうぶつえんに　ライオンが　8ぴき　います。
キリンは　2ひき　います。
どうぶつは　あわせて　なんびき　ですか。
　　　　　　　　　　　(しき10てん　こたえ10てん)

しき

こたえ _____

チェック
てん

たしかめ
てん

10までの ひきざん

なまえ ＿＿＿＿＿ がつ ＿＿＿ にち ＿＿＿

1 つぎの けいさんを しましょう。　(5てん×6)

① $2 - 1 =$

② $5 - 3 =$

③ $4 - 2 =$

④ $8 - 4 =$

⑤ $9 - 1 =$

⑥ $6 - 5 =$

ホップ 1 へ!

2 つぎの けいさんを しましょう。　(5てん×4)

① $10 - 1 =$

② $10 - 3 =$

③ $10 - 4 =$

④ $10 - 0 =$

ホップ 2 へ!

3 みかんが 8こ あります。
3こ たべました。
みかんは のこり なんこに なりましたか。(しき15てん こたえ10てん)

しき

こたえ _____

ステップ 1 2 へ!

4 バスケットボールが 2こ、やきゅうボールが 7こ あります。
どちらの ボールが なんこ おおいですか。(しき15てん こたえ10てん)

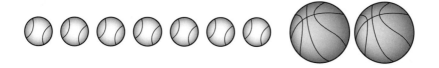

しき

こたえ [　　　　　] ボールが [　] こ おおい

ステップ 3 4 へ!

てん

10までの　ひきざん

1 つぎの　けいさんを　しましょう。

① $3 - 1 =$

② $6 - 2 =$

③ $5 - 4 =$

④ $4 - 3 =$

⑤ $3 - 2 =$

⑥ $9 - 2 =$

⑦ $7 - 4 =$

⑧ $9 - 4 =$

⑨ $8 - 2 =$

⑩ $5 - 2 =$

2 つぎの けいさんを しましょう。

① $3 - 3 =$

② $5 - 5 =$

③ $1 - 1 =$

④ $6 - 6 =$

⑤ $10 - 2 =$

⑥ $10 - 7 =$

⑦ $10 - 9 =$

⑧ $4 - 0 =$

⑨ $8 - 0 =$

⑩ $7 - 0 =$

＼できた度／
☆☆☆☆☆

10までの　ひきざん

1　ふうせんが　6こ　あります。
　　おとうとに　4こ　あげました。
　　ふうせんは　のこり　なんこに　なりましたか。

しき

こたえ

2　えびと　サーモンの　おすしが　あわせて　7さら　あります。
　　そのうち　えびの　おすしが　3さら　あります。
　　サーモンの　おすしは　なんさら　あるでしょうか。

しき

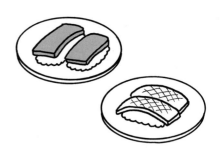

こたえ

3 いぬが　8ぴき　います。
ねこは　5ひき　います。
どちらが　なんびき　おおいですか。

しき

こたえ 　⬚⬚⬚⬚⬚　が　⬚　びき　おおい

4 たまいれを　しました。
あかチームは　5こ　はいりました。
しろチームは　9こ　はいりました。
どちらが　なんこ　おおいですか。

あか　●●●●●
しろ　○○○○○○○○○

しき

こたえ 　⬚⬚⬚⬚⬚　チームが　⬚　こ　おおい

\できた度/
☆☆☆☆☆

10までの　ひきざん

1　つぎの　けいさんを　しましょう。　　(5てん×6)

① $3 - 1 =$

② $7 - 3 =$

③ $6 - 2 =$

④ $8 - 5 =$

⑤ $9 - 8 =$

⑥ $7 - 5 =$

2　つぎの　けいさんを　しましょう。　　(5てん×4)

① $10 - 2 =$

② $10 - 5 =$

③ $10 - 3 =$

④ $8 - 0 =$

3 みかんが 10こ あります。
6こ たべました。
みかんは のこり なんこに なりましたか。(しき 15てん こたえ 10てん)

しき

こたえ _____

4 やきゅうボールが 6こ、バスケットボールが 3こ あります。
どちらの ボールが なんこ おおいですか。(しき 15てん こたえ 10てん)

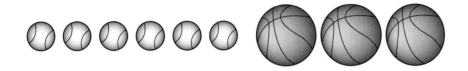

しき

こたえ ☐☐☐☐ ボールが ☐ こ おおい

チェック　　てん　→　たしかめ　　てん

どうぶつ　めいろ

なまえ　　　　　　　がつ　　　にち

○　うさぎが　スタートから　🐷🐻🐱の　じゅんばんに　なっている　ところを　すすんで　ゴールまで　すすみましょう。

スタート				
（ぶた）	（ねこ）	（くま）	（ねこ）	（くま）
（くま）	（ぶた）	（ねこ）	（ねこ）	（ぶた）
（ねこ）	（ねこ）	（くま）	（くま）	（くま）
（ぶた）	（くま）	（ねこ）	（ぶた）	（ねこ）
（ぶた）	（ねこ）	（くま）	（ねこ）	ゴール！

すすんで もどって

⬤　うさぎが　きしゃに　のりました。どこに　いるか　わかるか
な。えを　みて、①〜③の　ところに　いろを　ぬろう。

① 　**1**つ　すすんで、チョコレートの　ところ。あかで　ぬろう。

② 　あかから、**4**つ　すすんで、**2**つ　もどった　ところ。あ
おで　ぬろう。

③ 　あおから、**3**つ　すすんで、**1**つ　もどった　ところ。きい
ろで　ぬろう。

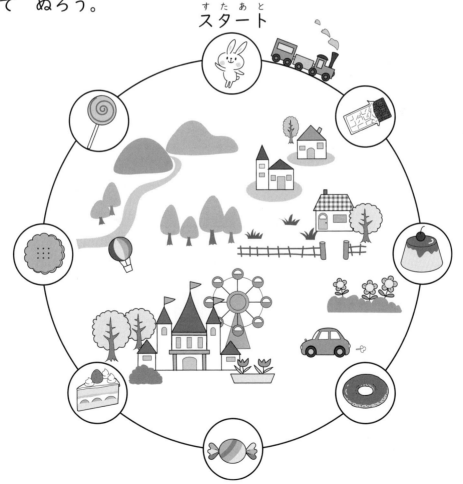

すたあと
スタート

おおきさくらべ

1 どちらが　ながいですか。
ながい　ほうに　○を　しましょう。

(10 てん× 2)

①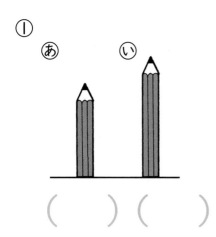
あ　　　　い

（　　）（　　）

②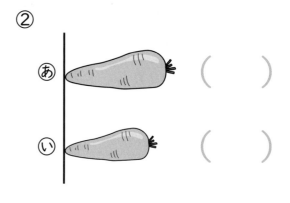
あ　　　（　　　　）

い　　　（　　　　）

ホップ **1** へ!

2 ますめ　なんこぶんの　ながさですか。

(10 てん× 3)

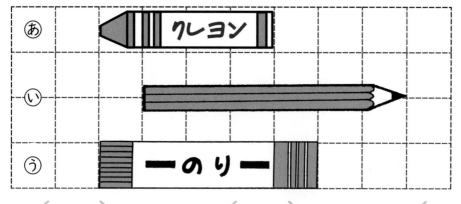

あ （　　　）こぶん　　い （　　　）こぶん　　う （　　　）こぶん

ステップ **1** へ!

3 どちらが ひろいですか。
ひろい ほうに ○を しましょう。

（10 てん × 2）

①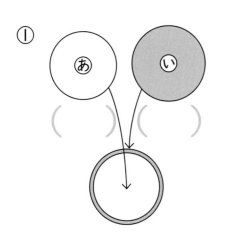

（　　）　（　　）

②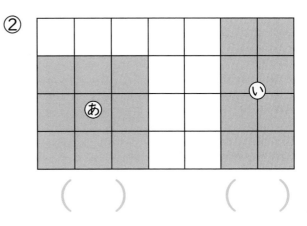

（　　）　　　　　（　　）

ホップ 2 へ!

4 どちらが おおいですか。
おおい ほうに ○を しましょう。

（10 てん × 3）

①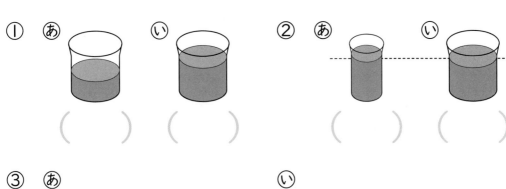

（　　）　（　　）　　　（　　）　（　　）

③

（　　）　　　　　　（　　）

ホップ 3 へ!

てん

がんばったね!

おおきさくらべ

1 ながい　ほうに　○を　しましょう。

①
あ　（　　　）

い　（　　　）

②　あ　　　い

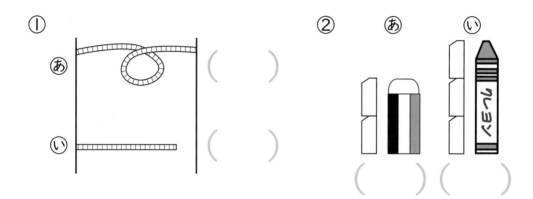

（　　　）（　　　）

③

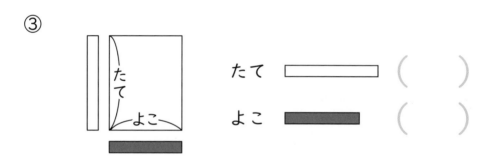

たて　　（　　　）

よこ　　（　　　）

④　あ　　　い

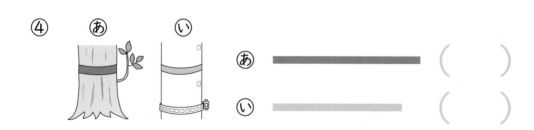

あ　（　　　）

い　（　　　）

2 ひろい ほうに ○を しましょう。

①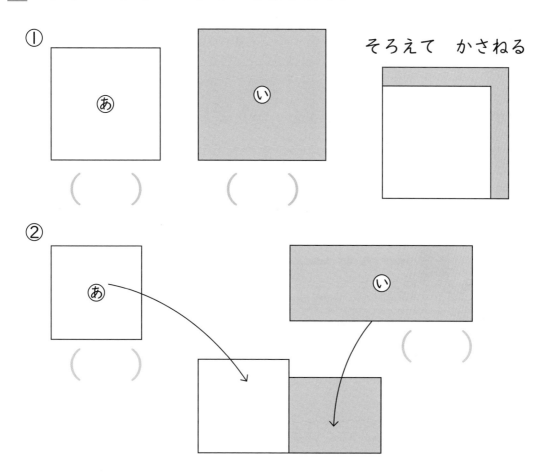

そろえて かさねる

②

3 おおい ほうに ○を しましょう。

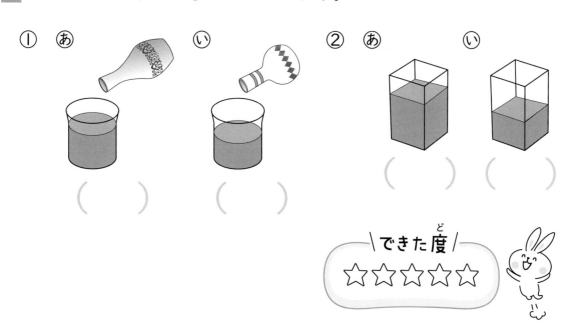

\でき度/
☆☆☆☆☆

1 ながい　じゅんに　きごうを　かきましょう。

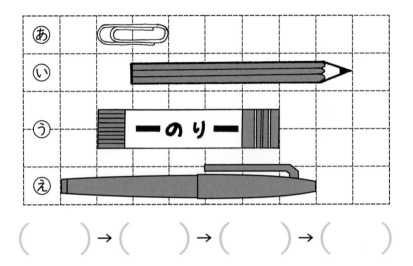

あ
い
う　ーのりー
え

(　　)→(　　)→(　　)→(　　)

2 ながい　ほうに　〇を　しましょう。

あ(　　)ペンの　ながさは　けいさんカード　3まいと
すこし　ありました。

い(　　)えんぴつの　ながさは　けいさんカード　2まいと
すこし　ありました。

3 おなじ　おおきさの　コップを　つかって　みずの　かさを
くらべました。おおい　ほうに　〇を　つけましょう。

あ　　　　　　　　　　　　　い

で　　　　　　　　　　　で
7はい　　　　　　　　　9はい

(　　)　　　　　　　　(　　)

4 あと ⓘの ひろさを くらべます。

①あの ▦は なんますありますか。

_____ます

②ⓘの □は なんますありますか。

_____ます

③あと ⓘの どちらが
ひろいですか。

_____

5 ひろい ▦の ほうに ○を しましょう。

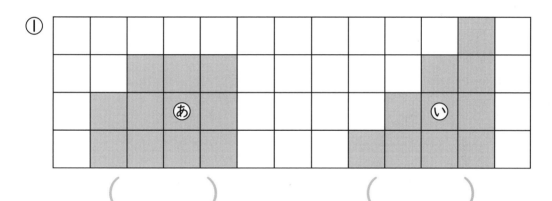

①

(　　　)　　　(　　　)

②

(　　　)　　　(　　　)

おおきさくらべ

1 どちらが　ながいですか。
　　ながい　ほうに　○を　しましょう。　　　　　(10てん×2)

① あ　　　　　い

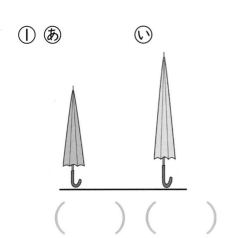

（　　　）（　　　）

②

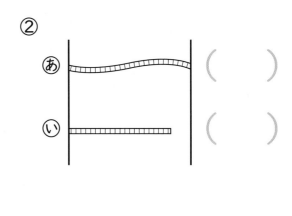

あ　（　　　　　）

い　（　　　　　）

2 ますめ　なんこぶんの　ながさですか。　　(10てん×3)

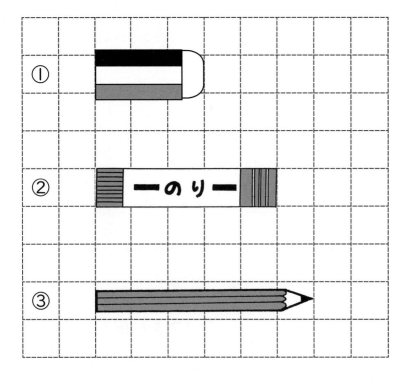

①
（　　　）こぶん

②
（　　　）こぶん

③
（　　　）こぶん

3 どちらが ひろいですか。
ひろい ほうに ○を しましょう。 (10てん×2)

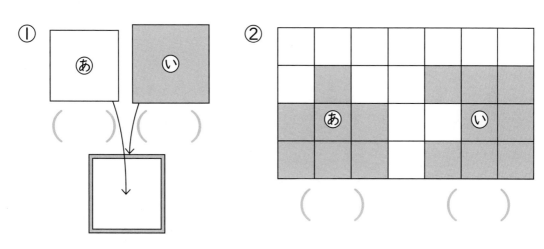

① あ い ( ) ( )

② あ い ( ) ( )

4 どちらが おおいですか。
おおい ほうに ○を しましょう。 (10てん×3)

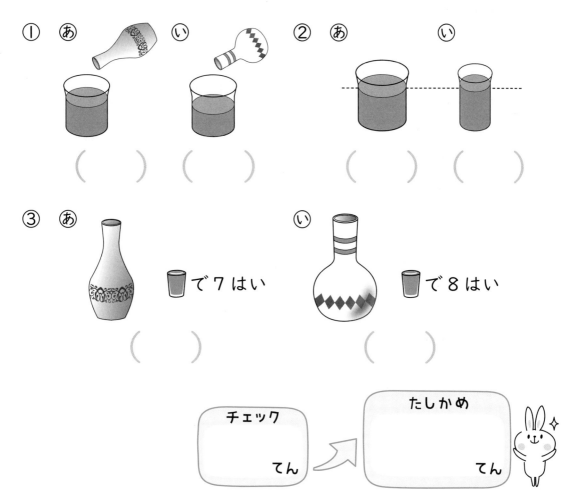

① あ い ( ) ( )

② あ い ( ) ( )

③ あ で 7はい ( ) い で 8はい ( )

チェック
てん

たしかめ
てん

かずしらべ

1　うみに　あそびに　いきました。うみの　いきものの　かずを
しらべましょう

(10てん×5)

①  は　（　　　　　）ぴき

② えび　は　（　　　　　）ひき

③ かい　は　（　　　　　）こ

④ いちばん　おおいのは　（　　　　　）

⑤ いちばん　すくないのは　（　　　　　）

ホップ 1 へ！

2 おやつの じかんに おかしを たべます。おかしの かずを しらべましょう。

① かぞえて ○を かきましょう。 (30点)

ソフトクリーム	あめ	ケーキ

② いちばん すくないのは どれですか。 (10てん)

（　　　　　）

③ いちばん おおいのは どれですか。

(10てん)

（　　　　　）

ホップ **2** へ!

てん

かずしらべ

1 スーパーで　かいものを　しました。かってきた　やさいの
かずを　しらべましょう。

① にんじん　は　（　　　　　　）ぼん

② なすび　は　（　　　　　　）こ

③ たまねぎ　は　（　　　　　　）こ

④ じゃがいも　は　（　　　　　　）こ

⑤ いちばん　おおいのは　（　　　　　　　　）。

2 スーパーで かいものを しました。かった くだものの かずを しらべましょう。

① かぞえて ○を かきましょう。

いちご	ぶどう	バナナ	りんご

② いちばん すくない くだものは どれですか。

（　　　　）

③ いちばん おおい くだものは どれですか。

（　　　　）

\ できた度 /
☆☆☆☆☆

かずしらべ

1 うみの　いきものの　かずを　しらべましょう。　　　（10 てん× 5）

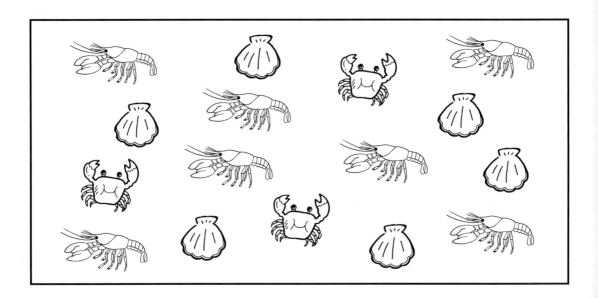

① <かに> は （　　　　　）びき

② <えび> は （　　　　　）ひき

③ <かい> は （　　　　　）こ

④ いちばん　おおいのは　（　　　　　）

⑤ いちばん　すくないのは　（　　　　　）

2 おかしの かずを しらべましょう。

① かぞえて ○を かきましょう。 (30点)

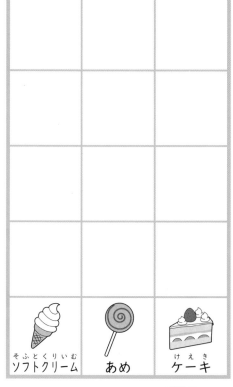

② いちばん おおいのは どれですか。 (10 てん)

(　　　　　　　　　)

③ いちばん すくないのは どれですか。 (10 てん)

(　　　　　　　　　)

チェック

てん

たしかめ

てん

10より おおきい かず

1 つぎの　えを　みて　こたえましょう。　　　　(10てん×2)

① **10**この　まとまりを　せんで　かこみましょう。

② □に　はいる　かずを　かきましょう。

10この　まとまりが　**1**こ、のこりが　□こ

ぜんぶで　□こ

ホップ **1** へ!

2 かくれている　かずは　いくつでしょう。　　　　(10てん×3)

① **13**　　　　② **17**　　　　③ **15**

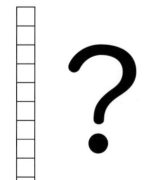　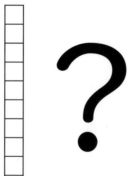　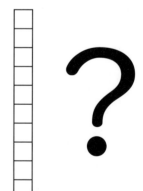

?は □こ　　　?は □こ　　　?は □こ

ホップ **2** へ!

3 □に はいる かずを かきましょう。　(5てん×5)

① 14は 10と □

② 17は 10と □

③ □は 10と 3

④ □は 10と 5

⑤ □は 10と 1

4 つぎの かずは いくつでしょう。　(5てん×5)

① 10より 1 おおきい かず　→ □

② 12より 3 おおきい かず　→ □

③ 19より 2 ちいさい かず　→ □

④ 15より 4 ちいさい かず　→ □

⑤ 11より 7 おおきい かず　→ □

てん

10 より
おおきい　かず

1 えを みて かずを かきましょう。

①

こたえ _____

②

こたえ _____

③

こたえ _____

④

こたえ _____

2 かくれている かずは いくつでしょう。

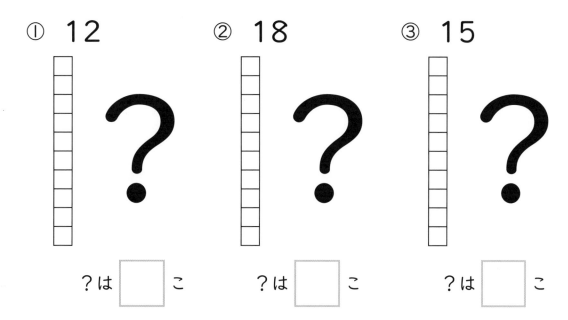

① 12　　　② 18　　　③ 15

?は 　 こ　　　?は 　 こ　　　?は 　 こ

3 えを みて こたえましょう。

うしろ

まさしさん

まえ

① なんにん ならんで
　 いますか。

（　　　　　）

② まさしさんは まえから
　 なんばんめですか。

（　　　　　）

できた度

☆☆☆☆☆

10 より おおきい かず

1 □に はいる かずを かきましょう。

① 12は 10と □　　② 14は 10と □

③ 17は 10と □　　④ 15は 10と □

⑤ 13は 10と □　　⑥ 11は 10と □

⑦ 19は 10と □　　⑧ 20は 10と □

⑨ □は 10と 6　　⑩ □は 10と 8

⑪ □は 10と 5　　⑫ □は 10と 2

⑬ □は 10と 4　　⑭ □は 10と 9

2 つぎの かずは いくつでしょう。

① 10より 8 おおきい かず → ⬜

② 10より 6 おおきい かず → ⬜

③ 20より 3 ちいさい かず → ⬜

④ 15より 4 ちいさい かず → ⬜

3 ⬜に はいる かずを かきましょう。

① 10 － 11 － 12 － 13 － ⬜ － 15

② 15 － 16 － ⬜ － 18 － ⬜ － 20

4 えの ⬜に はいる かずを かきましょう。

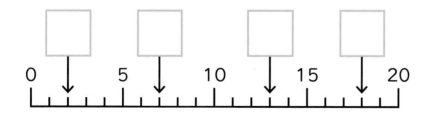

\ できた度 /
☆☆☆☆☆

10より おおきい かず

1 つぎの えを みて こたえましょう。　　(10てん×2)

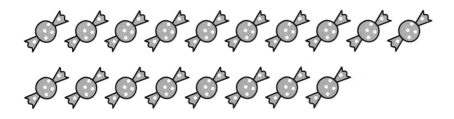

① **10**の まとまりを せんで かこみましょう。

② □に はいる かずを かきましょう。

10この まとまりが **1**こ、のこりが □こ

ぜんぶで □こ

2 かくれている かずは いくつでしょう。　　(10てん×3)

① **16**　　　② **14**　　　③ **19**

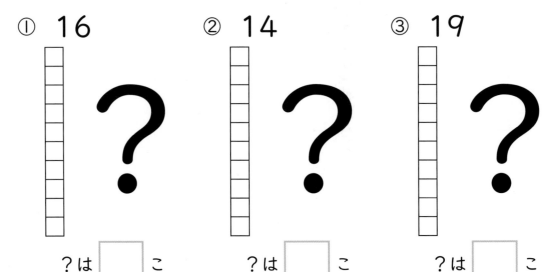

?は □こ　　　?は □こ　　　?は □こ

3 □に はいる かずを かきましょう。　　　　(5てん×5)

① 19は 10と □

② 14は 10と □

③ □は 10と 7

④ □は 10と 1

⑤ □は 10と 5

4 つぎの かずは いくつでしょう。　　　　(10てん×5)

① 10より 5 おおきい かず　→ □

② 7より 10 おおきい かず　→ □

③ 19より 6 ちいさい かず　→ □

④ 17より 3 ちいさい かず　→ □

⑤ 11より 6 おおきい かず　→ □

チェック

　　てん

たしかめ

　　てん

3つの かずの けいさん

なまえ _____ がつ　　にち

1 つぎの けいさんを しましょう。　　　　(5てん×5)

① 2 + 3 + 4 =

② 5 + 3 − 1 =

③ 1 + 8 − 2 =

④ 7 + 2 − 4 =

⑤ 7 − 1 − 5 =

ホップ **1** へ!

2 つぎの けいさんを しましょう。　　　　(5てん×5)

① 20 − 5 − 5 =

② 17 − 4 + 3 =

③ 15 + 4 − 2 =

④ 13 + 2 − 5 =

⑤ 19 − 8 + 3 =

ホップ **2** へ!

3 かいものに いきました。りんごを 5こと、なしを 2こ、みかんを 1こ かいました。くだものを ぜんぶで なんこ かいましたか。1つの しきで かきましょう。

（しき5てん　こたえ5てん）

しき

こたえ _____

ステップ **1** へ!

4 バスに 6にん のっていました。3にん おりて、5にん のってきました。ぜんぶで なんにんに なりましたか。1つの しきで かきましょう。

（しき10てん　こたえ10てん）

しき

こたえ _____

ステップ **2** へ!

5 あめが 18こ あります。ぼくが 4こ、いもうとが 3こ たべると、のこりは なんこですか。1つの しきで かきましょう。

（しき10てん　こたえ10てん）

しき

こたえ _____

ステップ **2** へ!

てん

3つの　かずの　けいさん

がつ　　　　にち

なまえ

1 つぎの　けいさんを　しましょう。

① 1 + 2 + 1 =

② 3 + 4 + 2 =

③ 7 − 1 − 2 =

④ 8 − 3 − 1 =

⑤ 5 + 3 − 2 =

⑥ 2 + 8 − 3 =

⑦ 10 + 5 − 2 =

⑧ 8 − 3 + 2 =

⑨ 6 − 5 + 4 =

⑩ 10 − 3 + 2 =

2 つぎの けいさんを しましょう。

① $10 + 7 + 2 =$

② $10 + 5 + 3 =$

③ $1 + 9 + 3 =$

④ $16 - 3 - 2 =$

⑤ $19 - 2 - 7 =$

⑥ $15 - 1 - 4 =$

⑦ $12 - 1 + 4 =$

⑧ $10 - 6 + 3 =$

⑨ $14 - 2 + 8 =$

⑩ $19 - 8 + 2 =$

\できた度/
☆☆☆☆☆

3つの かずの けいさん

1 つぎの もんだいを よんで こたえましょう。

① うさぎが **10**ぴき います。

② **5**ひき ふえました。

③ また **4**ひき ふえました。

うさぎは なんびき いますか。1つの しきで かきましょう。

しき

こたえ

2 つぎの　もんだいを　よんで　こたえましょう。

① バスに　**10**にん　のっています。

② **5**にん　のってきました。

③ **4**にん　おりました。

いま、なんにん　のっていますか。1つの　しきで　かきましょう。

しき

こたえ _____

たしかめ ☆ **3つの かずの けいさん**

がつ　　にち
なまえ

1 つぎの けいさんを しましょう。　　　(5てん×5)

① 4 + 3 − 2 =

② 8 + 2 − 5 =

③ 2 + 12 + 5 =

④ 16 + 2 − 4 =

⑤ 5 + 10 − 4 =

2 つぎの けいさんを しましょう。　　　(5てん×5)

① 20 − 10 − 5 =

② 19 − 7 + 5 =

③ 15 + 2 − 5 =

④ 13 + 2 − 5 =

⑤ 16 − 5 + 8 =

3 かいものに いきました。りんごを 2ことと、
なしを 5こ、みかんを 3こ かいました。
くだものを ぜんぶで なんこ かいましたか。
1つの しきで かきましょう。

（しき5てん　こたえ5てん）

しき

こたえ _____

4 こうえんに 8にん あそんで
いました。5にん かえって、7にん
きました。ぜんぶで なんにんに
なりましたか。1つの しきで かきましょう。（しき10てん　こたえ10てん）

しき

こたえ _____

5 ビスケットが 14まい あります。ぼくが
4まい、いもうとが 3まい たべると、
のこりは なんまい ですか。1つの しきで
かきましょう。

（しき10てん　こたえ10てん）

しき

こたえ _____

チェック
てん

たしかめ
てん

くりあがりの ある たしざん

なまえ ＿＿＿＿＿ がつ ＿＿＿ にち

1 つぎの けいさんを しましょう。 (5てん×5)

① 5 ＋ 8 ＝

② 9 ＋ 8 ＝

③ 8 ＋ 4 ＝

④ 6 ＋ 7 ＝

⑤ 7 ＋ 7 ＝

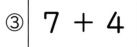

2 カードの うらに おもての こたえを かきましょう。

(5てん×5)

おもて ① 7 ＋ 8 ② 8 ＋ 7 ③ 7 ＋ 4

うら

おもて ④ 2 ＋ 9 ⑤ 3 ＋ 8

うら

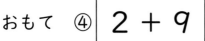

3 とりが 5わ います。
そこへ べつの とりが 9わ とんできました。
とりは あわせて なんわ いますか。
（しき5てん こたえ5てん）

しき

こたえ ＿＿＿＿＿＿＿＿＿＿

ステップ 5 へ!

4 さとしさんは、あめを 8こ もっています。
こうたさんは、あめを 6こ もっています。
ふたりで あめは なんこ もっていますか。
（しき10てん こたえ10てん）

しき

こたえ ＿＿＿＿＿＿＿＿＿＿

ステップ 4 へ!

5 あかい はなが 4ほん、しろい はなが
8ぽん さいています。 はなは ぜんぶで
なんぼん ありますか。 （しき10てん こたえ10てん）

しき

こたえ ＿＿＿＿＿＿＿＿＿＿

ステップ 6 へ!

てん

くりあがりの ある たしざん

なまえ ｜ がつ　　　　にち

1 つぎの けいさんを しましょう。

① $9 + 2 =$

② $9 + 6 =$

③ $8 + 5 =$

④ $5 + 6 =$

⑤ $7 + 9 =$

⑥ $7 + 5 =$

⑦ $6 + 6 =$

⑧ $4 + 9 =$

⑨ $3 + 9 =$

⑩ $6 + 8 =$

10を つくって

かんがえます。

$9 + 2$では

2を 1と 1に わける

9と 1で 10

10と 1で 11

2 つぎの けいさんを しましょう。

① $9 + 9 =$

② $7 + 6 =$

③ $8 + 3 =$

④ $6 + 5 =$

⑤ $5 + 7 =$

⑥ $8 + 9 =$

3 カードの うらに おもての こたえを かきましょう。

(5てん×5)

おもて ① $6 + 9$　② $9 + 5$　③ $4 + 7$

うら

おもて ④ $8 + 8$　⑤ $9 + 4$

うら

\ できた度 /

☆☆☆☆☆

ステップ くりあがりの ある たしざん

1 みかんが 8こ あります。
りんごは 3つ あります。
あわせて くだものは なんこになりますか。

しき

こたえ _____

2 えんぴつが 7ほん あります。
あかえんぴつは 9ほん あります。
あわせて なんぼん ありますか。

しき

こたえ _____

3 1しゅうかんに えほんを 8さつ、
ずかんを 5さつ よみました。
あわせて なんさつ よみましたか。

しき

こたえ _____

4 おとうとは クッキーを 9まい たべました。
おかあさんは 3まい たべました。
クッキーを なんまい たべましたか。

しき

<u>こたえ</u>

5 きんぎょが 8ぴき すいそうに います。
7ひき もらいました。
きんぎょは なんびきに なりましたか。

しき

<u>こたえ</u>

6 かだんに しろい チューリップが 9ほん
あかい チューリップが 7ほん さいています。
かだんに チューリップは なんぼん
さいていますか。

しき

<u>こたえ</u>

\できた度/
☆☆☆☆☆

くりあがりの　ある　たしざん

なまえ ___がつ___ ___にち___

1 つぎの　けいさんを　しましょう。　　　　(5てん×5)

① 7 + 6 =

② 5 + 8 =

③ 5 + 6 =

④ 9 + 9 =

⑤ 8 + 3 =

2 カードの　うらに　おもての　こたえを　かきましょう。

(5てん×5)

おもて ① 8 + 8　② 7 + 7　③ 3 + 9

うら　□　　□　　□

おもて ④ 9 + 7　⑤ 4 + 9

うら　□　　□

3 とりが 8わ います。
　そこへ べつの とりが 7わ とんできました。
　とりは あわせて なんわ いますか。（しき5てん　こたえ5てん）

しき

こたえ

4 さとしさんは、あめを 6こ もっています。
　こうたさんは、あめを 7こ もっています。
　ふたりで あめは なんこ もっていますか。
　　　　　　　　　　　　（しき10てん　こたえ10てん）

しき

こたえ

5 あかい はなが 8ぽん、しろい はなが
4ほん さいています。 はなは ぜんぶで
　なんぼん ありますか。（しき10てん　こたえ10てん）

しき

こたえ

チェック

　　　　てん

たしかめ

　　　　てん

かたち

1 おなじ　かたちの　なかまを　せんで　むすびましょう。(40てん)

・　　　　　・　　　　　・　　　　　・

・　　　　　・　　　　　・　　　　　・

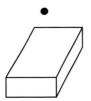 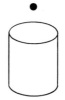 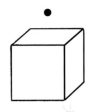

ホップ **1** へ!

2 □と　おなじ　かたちを　さがして　えらびましょう。　(10てん)

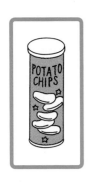

あ 　　い 　　う

え 　　お 　　か

(　　　と　　　)

ホップ **2** へ!

3 あと いは どちらが よく ころがりますか。
よく ころがるほうを えらびましょう。 (10てん×2)

① あ 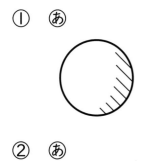 い

（　　　　）

② あ 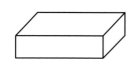 い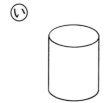

（　　　　）

ステップ 1 2 へ！

4 を なんまい つかっていますか。 (10てん×3)

①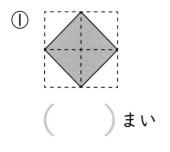

（　　　　）まい

②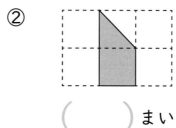

（　　　　）まい

③

（　　　　）まい

ステップ 3 へ！

てん

かたち

1 かたちに　あう　なまえを　せんで　むすびましょう。

　　　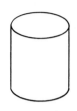　　　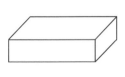

●　　　　　　　　●　　　　　　　　●

●　　　　　　　　●　　　　　　　　●

はこの　かたち　　　ボールの　かたち　　　つつの　かたち

2 つぎの　えを　なかまわけ　しましょう。

 あ 　　　い 　　　う

え 　　　お 　　　か

① 　　　② 　　　③

（　　　）（　　　）　　　（　　　）（　　　）　　　（　　）（　　　）

3 なかまわけ しましょう。
　　○は㋐、🛢は㋑、⬜は㋒をかきましょう。
　　なかまに はいらないものには ×を つけましょう。

① (　　　　　)

② (　　　　　)

③ (　　　　　)

④ (　　　　　)

⑤ (　　　　　)

⑥ (　　　　　)

⑦ (　　　　　)

⑧ (　　　　　)

\できた度/
☆☆☆☆☆

ステップ　かたち

1 さかの　うえから　あいうを　ころがします。
よく　ころがる　ものを　あ、い、うから　えらびましょう。

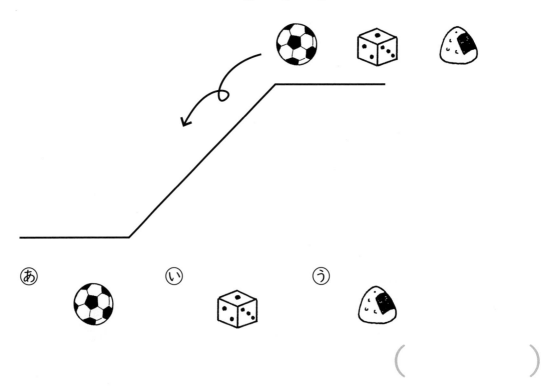

（　　　　　）

2 よく　ころがる　ものを　2つ　えらびましょう。

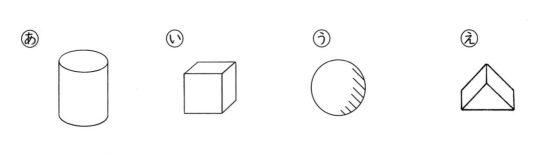

（　　　と　　　）

3 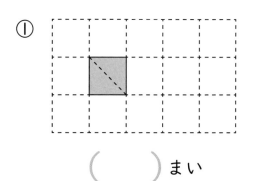 を つかって かたちを つくりました。
なんまい つかい ましたか。

①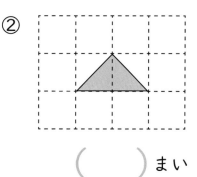

（　　　）まい

②

（　　　）まい

③

（　　　）まい

④

（　　　）まい

⑤

（　　　）まい

⑥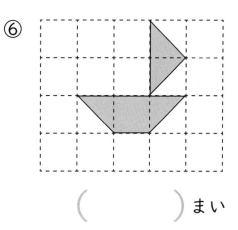

（　　　）まい

\でき度/
☆☆☆☆☆

 たしかめ　かたち

1 おなじ　かたちの　なかまを　せんで　むすびましょう。(40てん)

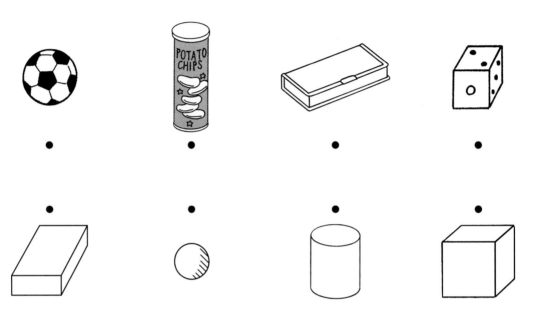

2 □と　おなじ　かたちを　さがして　えらびましょう。　(10てん)

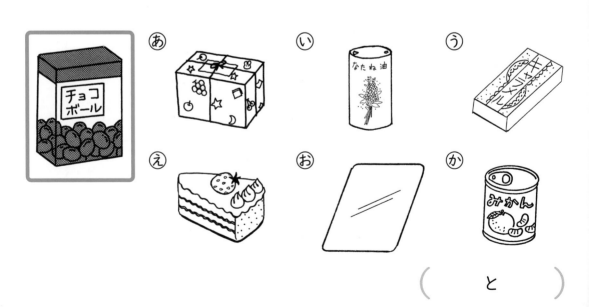

（　　　と　　　）

3 あと ⑭は どちらが よく ころがりますか。
よく ころがるほうを えらびましょう。 (10てん×2)

① あ　　　　　　　　　　⑭

（　　　　）

② あ　　　　　　　　　　⑭

（　　　　）

4 ▲を なんまい つかっていますか。 (10てん×3)

①

（　　　）まい

②

（　　　）まい

③

（　　　）まい

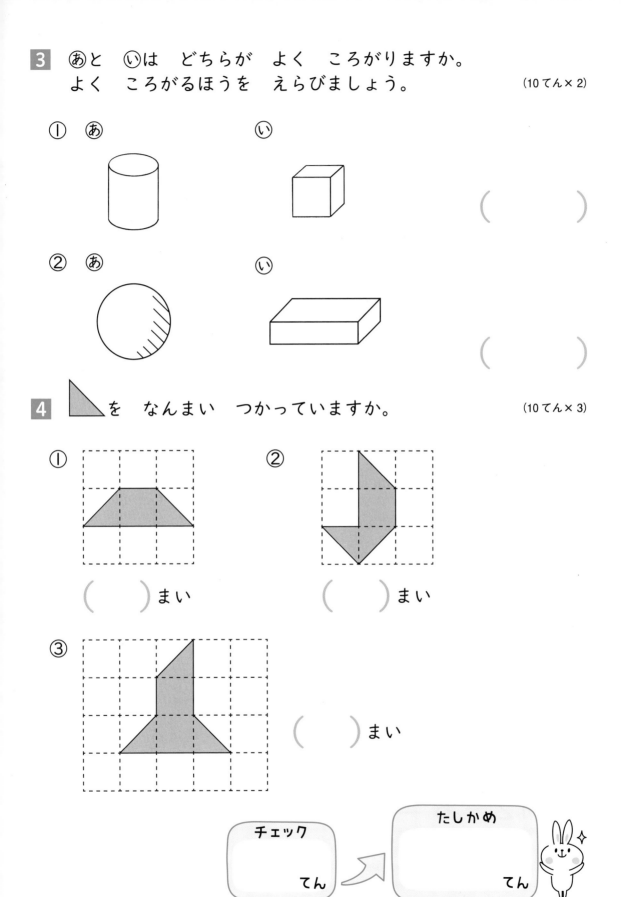

チェック

てん

たしかめ

てん

- 89 -

くりさがりの ある ひきざん

なまえ _____ がつ ___ にち

1 つぎの けいさんを しましょう。　　　　(5てん× 10)

① 11 − 6 =

② 13 − 6 =

③ 12 − 5 =

④ 14 − 5 =

⑤ 11 − 4 =

⑥ 16 − 7 =

⑦ 13 − 4 =

⑧ 14 − 6 =

⑨ 11 − 7 =

⑩ 12 − 6 =

ホップ 2 へ!

2 こたえが 8に なる カードは どれですか。 (10てん)

| あ 16 − 6 | い 12 − 5 | う 12 − 4 |

| え 12 − 9 | お 13 − 5 |

(　　　　 と 　　　　)

ホップ 4 へ!

3 あたらしい えんぴつが 16ぽん あります。
8ぽん けずりました。けずっていない
えんぴつは なんぼん ですか。 (しき10てん こたえ10てん)
しき

こたえ _____

ステップ 1 へ!

4 あかい りんごが 13こ、
あおい りんごが 7こ あります。
どちらが なんこ おおいですか。 (しき10てん こたえ10てん)
しき

こたえ [　　　　　] りんごが [　　] こ おおい

ステップ 2 へ!

てん

くりさがりの　ある　ひきざん

がつ　　　にち
なまえ

1 つぎの　けいさんを　しましょう。

11 − 3

(1)── 1 から　3は　ひけません。

(2)── 10 から　3 を　ひいて　□。

(3)── 7 と　1 で　□。

こたえは、□ です。

2 つぎの　けいさんを　しましょう。

① 12 − 8 ＝

② 11 − 9 ＝

③ 16 − 9 ＝

④ 15 − 6 ＝

⑤ 13 − 7 ＝

3 つぎの けいさんを しましょう。

① $15 - 9 =$

② $17 - 8 =$

③ $14 - 9 =$

④ $12 - 7 =$

⑤ $14 - 8 =$

⑥ $11 - 8 =$

⑦ $13 - 6 =$

⑧ $14 - 5 =$

4 こたえが 7になる カードは どれですか。

| あ $13 - 9$ | い $13 - 5$ | う $13 - 6$ |

| え $14 - 7$ | お $12 - 3$ |

（　　　と　　　）

\できた度/
☆☆☆☆☆

くりさがりの ある ひきざん

1 つぎの といに こたえましょう。

① ケーキが 11こ あります。
けえき
5こ たべました。
のこりは なんこに なりますか。

しき

　　　　　　　　　こたえ

② としょしつで ほんを 10さつ かりました。
きょう 4さつ よみました。
よんでいない ほんは のこり なんさつですか。

しき

　　　　　　　　　こたえ

③ はたけで すいかが 15こ できました。
7こ とって たべました。
すいかは のこり なんこ ありますか。

しき

　　　　　　　　　こたえ

2 つぎの といに こたえましょう。

① おとうさんは クッキーを 15まい もっています。
おかあさんは 8まい もってます。
どちらが なんまい おおく もっていますか。

しき

こたえ ［　　　　　　］が ［　　］まい おおい

② きんぎょを 13ひき かって います。
めだかも 8ぴき かって います。
どちらが なんびき おおく いますか。

しき

こたえ ［　　　　　　］が ［　　］ひき おおい

③ としょしつには、とりの ずかんが 9さつ あります。
むしの ずかんは 17さつ あります。
どちらが なんさつ おおく ありますか。

しき

こたえ ［　　　　　　］のずかんが ［　　］さつ おおい

＼できた度／
☆☆☆☆☆

くりさがりの　ある　ひきざん

がつ　　　にち

なまえ

1 つぎの　けいさんを　しましょう。　　　　　(5 てん× 10)

① 12 － 4 ＝

② 12 － 8 ＝

③ 15 － 6 ＝

④ 14 － 7 ＝

⑤ 12 － 7 ＝

⑥ 16 － 9 ＝

⑦ 13 － 7 ＝

⑧ 14 － 5 ＝

⑨ 11 － 8 ＝

⑩ 14 － 6 ＝

2 こたえが 8に なる カードは どれですか。 (10てん)

あ 16 − 8　　　い 15 − 5　　　う 15 − 6

え 13 − 9　　　お 13 − 5

(　　 と 　　)

3 あたらしい えんぴつが 16ぽん あります。
7ほん けずりました。けずっていない
えんぴつは なんぼん ですか。 (しき10てん こたえ10てん)

しき

こたえ ＿＿＿＿＿＿＿＿＿＿＿

4 あかい りんごが 15こ、
あおい りんごが 8こ あります。
どちらが なんこ おおいですか。 (しき10てん こたえ10てん)

しき

こたえ ⬜⬜⬜ りんごが ⬜ こ おおい

チェック
てん

たしかめ
てん

おおきい　かず

1　つぎの　□に　かずを　かきましょう。　　　（□1つ　5てん）

① 10が　5こと、1が　6こで □

② 10が　8つで □

③ 27は、10が □ こと　1が □ こ

ホップ **2** へ!

2　つぎの　□に　かずを　かきましょう。　　　（10てん×3）

① 95—96—□—98—99—100

② 80—90—□—110—120—130

③ 70—60—50—□—30—20

ホップ **3** へ!

3　かずの　おおきな　ほうに　○を　つけましょう。　　　（5てん×2）

① 40　70　　　② 65　68

（　）（　）　　（　）（　）

ホップ **4** へ!

4 つぎの けいさんを しましょう。 （5てん×4）

① 40 ＋ 40 ＝　　② 60 － 20 ＝

③ 82 ＋ 5 ＝　　④ 67 － 7 ＝

ホップ 5 へ!▶

5 わたしは、ビーだまを 32こ もっています。
4こ もらいました。
あわせて ビーだまは なんこ ありますか。
（しき5てん こたえ5てん）

しき

こたえ _____

ステップ 1 へ!▶

6 だいちさんは 50えん もっています。
おねえさんは、90えん もっています。
おねえさんは なんえん おおく もっていますか。
（しき5てん こたえ5てん）

しき

こたえ _____

ステップ 2 へ!▶

てん

おおきい かず

がつ　　　　にち
なまえ

1 えを みて えんぴつの かずを かきましょう。

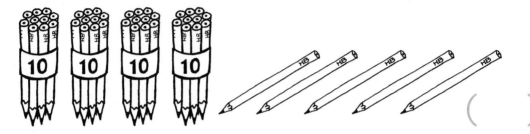

(　　　)

2 つぎの □ に かずを かきましょう。

① 10が 5こと、1が 2こで □

② 10が 9こで □

③ 70は 10を □ こ あつめた かずです。

3 つぎの □ に かずを かきましょう。

① 65—66—67—□—69—70

② 70—80—□—100—□—120

③ 55—54—53—□—51—50

①、②は みぎに いくほど かずが おおきく なっているね

4 かずの おおきな ほうに ○を つけましょう。

① 　78　　72　　② 　25　　35

　（　　）（　　）　　（　　）（　　）

5 つぎの けいさんを しましょう。

① 80 + 10 ＝ 　　② 74 + 4 ＝

③ 45 + 2 ＝ 　　④ 15 + 3 ＝

⑤ 24 + 4 ＝ 　　⑥ 52 + 3 ＝

⑦ 76 + 3 ＝ 　　⑧ 92 + 6 ＝

⑨ 89 − 7 ＝ 　　⑩ 26 − 2 ＝

⑪ 57 − 3 ＝ 　　⑫ 59 − 4 ＝

⑬ 94 − 2 ＝ 　　⑭ 77 − 2 ＝

⑮ 80 − 20 ＝ 　　⑯ 100 − 70 ＝

＼できた度／
☆☆☆☆☆

おおきい　かず

1 つぎの　といに　こたえましょう。

① わたしは　いろがみを　30まい　もっています。
　いもうとは　いろがみを　50まい　もって
います。あわせて　いろがみは　なんまい
ありますか。

しき

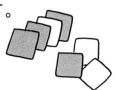

こたえ ＿＿＿＿＿＿＿＿＿＿＿

② おみせで　60えんの　ガム（がむ）と、
30えんの　チョコレート（ちょこれえと）を　かいました。
　あわせて　なんえん　はらいましたか。

しき

こたえ ＿＿＿＿＿＿＿＿＿＿＿

③ でんしゃに　42にん　のっています。
　つぎの　えきで　5にん　のりました。
　でんしゃには　ぜんぶで　なんにん　のっていますか。

しき

こたえ ＿＿＿＿＿＿＿＿＿＿＿

2 つぎの　といに　こたえましょう。

① シールを　20まい　もっています。
10まい　おとうとに　あげました。
シールは　のこり　なんまい　ありますか。

しき

こたえ _____

② とりが　18わ　います。
6わ　とんでいきました。
とりは　のこり　なんわ　いますか。

しき

答え _____

③ わたしは　100えん　もっています。
おみせで　80えんの
アイスを　かいました。
のこりは　なんえんに　なりましたか。

しき

答え _____

たんいを　わすれないように　かこう

\ できた度 /
☆☆☆☆☆

1 つぎの □に あう かずを かきましょう。　（□1つ 5てん）

① 10が 8こと、1が 4こで □

② 60は 10が □こ

③ 76は、10が □こと 1が □こ

2 つぎの □に あう かずを かきましょう。　（10てん×3）

① 54―55―□―57―58―59

② □―90―100―110―120―130

③ 75―70―65―□―55―50

3 いちばん おおきな かずに ○を つけましょう。　（5てん×2）

① 68　67　76

（　）（　）（　）

② 102　120　112

（　）（　）（　）

4 つぎの けいさんを しましょう。 （5てん×4）

① 30 + 60 =   ② 42 − 20 =

③ 64 + 5 =   ④ 66 − 6 =

5 だいちさんは 90えん もっています。
おねえさんは、80えん もっています。
ちがいは なんえんですか。 （しき5てん こたえ5てん）

しき

こたえ _____

6 わたしは、ビーだまを 63こ もっています。
6こ もらいました。あわせて ビーだまは
なんこ ありますか。 （しき5てん こたえ5てん）

しき

こたえ _____

チェック

てん

たしかめ

てん

せんむすび

⭕ 1から　20までの　・を　じょうぎを　つかって　むすびましょう。でてきた　どうぶつは　なんですか。

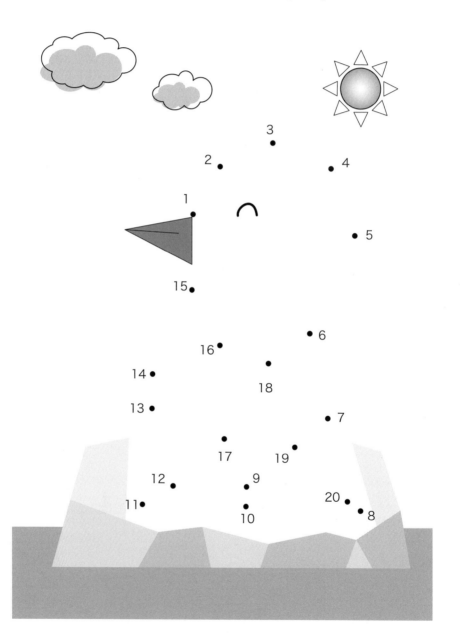

(　　　　　　　　　)

★ ジャンプ けいさん めいろ

	がつ	にち
なまえ		

○ うさぎさんから スタートして ゴールまで いきましょう。
　2つの かずを けいさんして 7になる みちが せいかいです。
アドバイスを きいて ゴールを めざそう。

> けいさんは、「たしざん」「ひきざん」の どちらかを つかうよ！
> 1ど つかった マスは つかえないよ。

スタート↓	4	18	20	9
10	5	9	2	12
3	8	4	8	5
9	3	11	12	9
2	14	7	4	2

ゴール

\ できた度 /
☆☆☆☆☆

— 107 —

1　とけいを　よみましょう。　　　　　　　　　　（10 てん× 4）

①

（　　　　　）じ

②

（　　　　　）じ

③

（　　　　　）じ

④

（　　　　　）じ

ホップ 2 へ!

2　とけいを　よみましょう。○じはん　と　かきましょう。

（5 てん× 2）

①

（　　　　じ　　はん　）

②

（　　　　じ　　はん　）

ホップ 3 へ!

3 とけいを よみましょう。　　　　　　　　(10 てん× 4)

①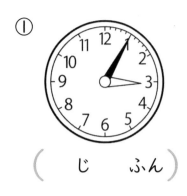

（　　じ　　　ふん　）

②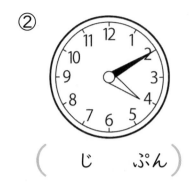

（　　じ　　　ぷん　）

③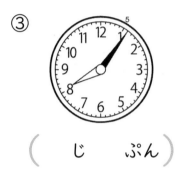

（　　じ　　　ぷん　）

④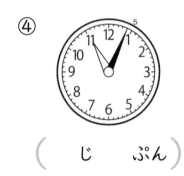

（　　じ　　　ぷん　）　

4 じこくを みて とけいに ながい はりを かきましょう。

(5 てん× 2)

① 3 じ 40 ぷん

② 10 じ 25 ふん

ステップ **4** へ!

せんを かくときは じょうぎを つかうと いいよ

てん

とけい

がつ　　　　にち

なまえ

1　とけいに　すうじを　かきましょう。

> とけいの　ながい　はりが　12の　ところを　さしている　とき　「○じ（ちょうど）」と　いいます。みじかい　はりが　さしている　すうじを　よみます。

2　とけいを　よみましょう。

①
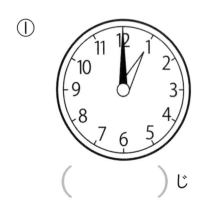

（　　　　）じ

②

（　　　　）じ

3 とけいを よみましょう。 ○じはん と かきましょう。

①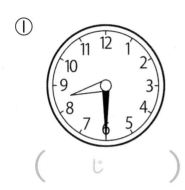

（　　じ　　）

②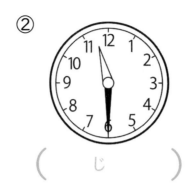

（　　じ　　）

③

（　　じ　　）

④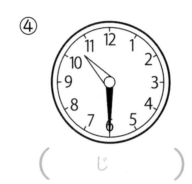

（　　じ　　）

4 ながい はりを せんで かきましょう。

① 2 じ

② 12 じはん

できた度

☆☆☆☆☆

とけい

1 「ふん」の　よみかたを　すうじで　かきましょう。

2 5とびの　よみかたを　こえに　だして、かぞくの　ひとに
きいて　もらいましょう。れんしゅう　しましょう。

5、10、15、20、25、30、
35、40、45、50、55

3 とけいを よみましょう。

①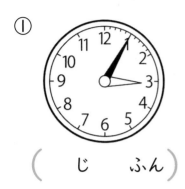

（　じ　　ふん）

②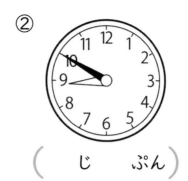

（　じ　　ぷん）

③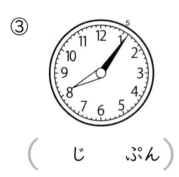

（　じ　　ぷん）

④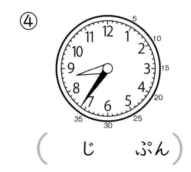

（　じ　　ぷん）

4 ながい はりを せんで かきましょう。

① 3じ20ぷん

② 10じ5ふん

\できた度/
☆☆☆☆☆

★ たしかめ **とけい**

なまえ　　　　　　がつ　　　　にち

1 とけいを　よみましょう。　　　　　(10 てん× 4)

①

（　　　　）

②

（　　　　）

③

（　　　　）

④

（　　　　）

2 とけいを　よみましょう。○じはんと　かきましょう。(5 てん× 2)

①

（　　　　）

②

（　　　　）

3 とけいを　よみましょう。　　　　　　　　（10てん×4）

①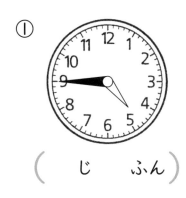

（　　じ　　ふん　）

②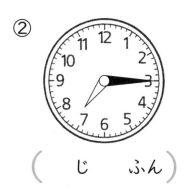

（　　じ　　ふん　）

③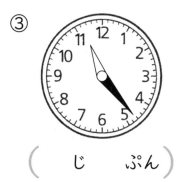

（　　じ　　ぷん　）

④

（　　じ　　ふん　）

4 じこくを　みて　とけいに　はりを　かきましょう。　（5てん×2）

① 4じ35ふん

② 6じ12ふん

チェック　　　てん

たしかめ　　　てん

たすのかな
ひくのかな

1 あかい ふうせんが 5こ あります。あおい ふうせんは
あかい ふうせんより 3こ おおいです。

あか	●	●	●	●	●			
あお	●	●	●	●	●	●	●	●

(）こ おおい

① （ ）に すうじを かきましょう。　　　　　　　(5てん)
② あおの かずだけ いろを ぬりましょう。　　　　(5てん)
③ あおい ふうせんは なんこ ですか。　(しき5てん こたえ5てん)

しき

こたえ _____

ホップ 1 へ!

2 さいとうさんは とりを たくさん かっています。
ニワトリは 10わ います。アヒルは ニワトリより 4わ
すくないです。

ニワトリ	●	●	●	●	●	●	●	●	●	●
アヒル	●	●	●	●	●	●				

(）わ すくない

① （ ）に すうじを かきましょう。　　　　　　　(5てん)
② アヒルの かずだけ いろを ぬりましょう。　　　(5てん)
③ アヒルは なんわ いますか。　(しき5てん こたえ5てん)

しき

こたえ _____

ホップ 2 へ!

3 いぬと さるが います。 いぬが 10ぴき います。
さるは、いぬより 4ひき おおいです。

いぬ													
さる													

( ) ひき おおい

① ( )に すうじを かきましょう。　(5てん)
② いぬと さるの かずだけ ○を かきましょう。　(10てん)
③ さるは なんびき いますか。　(しき10てん こたえ10てん)

　しき

こたえ

ステップ **3** へ!

4 みかんが 13こ あります。
りんごは みかんより 5こ すくないです。

みかん													
りんご													

( ) こ すくない

① ( )に すうじを かきましょう。　(5てん)
② みかんと りんごの かずだけ ○を かきましょう。(10てん)
③ りんごは なんこ ですか。　(しき10てん こたえ10てん)

　しき

こたえ

ステップ **4** へ!

てん

がんばったね!

たすのかな ひくのかな

なまえ　がつ　にち

1 りなさんたちは　7にんで　あそんでいます。
そこに　ともだちが　5にん　きました。
みんなで　なんにんですか。

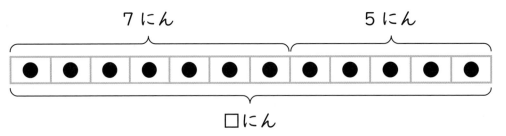

7にん　　　　5にん

□にん

しき

こたえ

2 みんなが　1れつに　ならんでいます。
しょうたさんは　まえから　5ばんめです。
しょうたさんの　うしろには　8にん　います。
みんなで　なんにん　いますか。

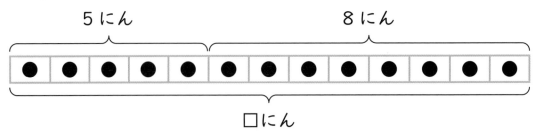

5にん　　　　8にん

□にん

しき

こたえ

3 いすが 12こ あります。
つくえは、いすより 3こ すくないです。

いす	●	●	●	●	●	●	●	●	●	●	●	●
つくえ												

（ 　 ）こ　すくない

① （ 　 ）に　すうじを　かきましょう。
② つくえの　かずだけ　〇を　かきましょう。
③ つくえは　いくつ　ありますか。

しき

こたえ _____

4 かきが 9こ あります。
くりは、かきより 4こ おおいです。

かき	●	●	●	●	●	●	●	●	●			
くり												

（ 　 ）こ　おおい

① （ 　 ）に　すうじを　かきましょう。
② くりの　かずだけ　〇を　かきましょう。
③ くりは　いくつ　ありますか。

しき

こたえ _____

\できた度/
☆☆☆☆☆

1 あかと しろに わかれて ドッジボールを しました。
あかは 8にん のこりました。
しろの のこった ひとは あかより 5にん すくないです。

あか								
しろ								

5にん すくない

① あかと しろの のこった ひとの かずだけ
○を かきましょう。
② しろは なんにん のこりましたか。

しき

こたえ _____

2 おさらに ケーキを のせて いきます。
ケーキを 10こ おさらに のせました。
おさらは まだ 2まい あまっています。

ケーキ											
おさら											

2まい あまる

① ケーキと おさらの かずだけ ○を
かきましょう。
② おさらは ぜんぶで なんまい ですか。

しき

こたえ _____

3 こうえんで おちばを ひろいました。まさしさんは
13まい ひろいました。ちかさんは まさしさんより
5まい すくなかったです。

まさし												
ちか												

( ) まい すくない

① （ ）に すうじを かきましょう。
② まさしさんと ちかさんが ひろった おちばの
　かずだけ 〇を かきましょう。
③ ちかさんは なんまい ひろいましたか。

　しき

　　　　　　　　　　　こたえ ＿＿＿＿＿＿＿＿＿

4 いえに おかしが あります。
　あめは 9こ あります。ガムは、あめより
6こ おおいです。

あめ												
ガム												

( ) こ おおい

① （ ）に すうじを かきましょう。
② あめと ガムの かずだけ 〇を かきましょう。
③ ガムは なんこ ありますか。

　しき

　　　　　　　　　　　こたえ ＿＿＿＿＿＿＿＿＿

たすのかな ひくのかな

1　あかい　ふうせんが　9こ　あります。
　　あおい　ふうせんは　あかい　ふうせんより　3こ
　　おおいです。

| あか | ● | ● | ● | ● | ● | ● | ● | ● | ● | | | |
| あお | ○ | ○ | ○ | ○ | ○ | ○ | ○ | ○ | ○ | ○ | ○ | ○ |

　　　　　　　　　　　　　　　　　　　　　　（　　　）こ　おおい

① 　（　　）に　すうじを　かきましょう。　　　　　　　（5てん）
② 　あおの　かずだけ　いろを　ぬりましょう。　　　　（5てん）
③ 　あおい　ふうせんは　なんこ　ですか。　　（しき5てん　こたえ5てん）

　　しき

　　　　　　　　　　　　　　こたえ

2　たかはしさんは　とりを　たくさん　かっています。
　　ニワトリは　15わ　います。アヒルは　ニワトリより　8わ
　すくないです。

| ニワトリ | ● | ● | ● | ● | ● | ● | ● | ● | ● | ● | ● | ● | ● | ● | ● |
| アヒル | ○ | ○ | ○ | ○ | ○ | ○ | ○ | ○ | ○ | ○ | ○ | ○ | ○ | ○ | ○ |

　　　　　　　　　　　　　　　　　　　（　　　）わ　すくない

① 　（　　）に　すうじを　かきましょう。　　　　　　　（5てん）
② 　アヒルの　かずだけ　いろを　ぬりましょう。　　　　（5てん）
③ 　アヒルは　なんわ　いますか。　　（しき5てん　こたえ5てん）

　　しき

　　　　　　　　　　　　　　こたえ

3 いぬと さるが います。 いぬが 5ひき います。
さるは、いぬより 5ひき おおいです。

いぬ										
さる										

（　　）ひき おおい

① （　）に すうじを かきましょう。　　　　　　　　（5てん）
② いぬと さるの かずだけ 〇を かきましょう。　（10てん）
③ さるは なんびき いますか。　（しき 10てん こたえ 10てん）

しき

こたえ _____

4 みかんが 20こ あります。
りんごは みかんより 5こ すくないです。

みかん																			
りんご																			

（　　）こ すくない

① （　）に すうじを かきましょう。　　　　　　　　（5てん）
② みかんと りんごの かずだけ 〇を かきましょう。（10てん）
③ りんごは いくつ ですか。　（しき 10てん こたえ 10てん）

しき

こたえ _____

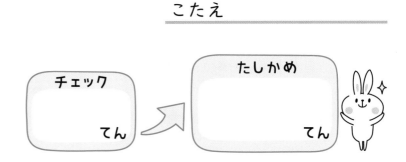

チェック
　　　　てん

たしかめ
　　　　てん

1 けいさんを　しましょう。

① $7 + 9 =$　　　　② $5 + 8 =$

③ $16 - 7 =$　　　　④ $14 - 5 =$

⑤ $9 - 6 + 2 =$　　　⑥ $8 - 3 - 3 =$

⑦ $7 - 3 + 8 =$　　　⑧ $15 - 5 + 3 =$

⑨ $17 - 7 + 3 =$　　　⑩ $8 + 2 + 1 =$

2 おおきい　ほうに　〇を　つけましょう。

①
| 73 | 81 |
(　)　(　)

②
| 52 | 49 |
(　)　(　)

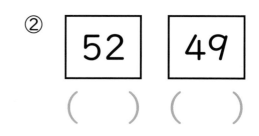

\できた度/
☆☆☆☆☆

ふりかえり②

なまえ _____　がつ　　にち

1　□に　あてはまる　かずを　かきましょう。

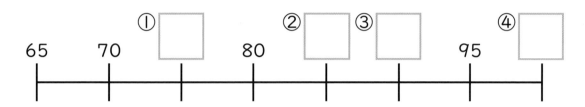

① □　② □　③ □　④ □

65　70　80　95

2　ながい　ほうに　〇を　つけましょう。

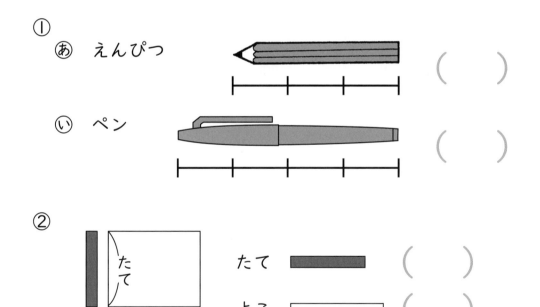

①

あ　えんぴつ　（　　）

い　ペン　（　　）

②

たて □　（　　）

よこ □　（　　）

\できた度/
☆☆☆☆☆

1 けいさんを しましょう。

① 90 + 10 =　　② 82 + 7 =

③ 70 + 20 =　　④ 66 − 4 =

⑤ 100 − 40 =　　⑥ 98 − 6 =

⑦ 18 − 5 =　　⑧ 27 − 3 =

⑨ 38 − 5 =　　⑩ 80 − 40 =

2 つぎの かずを かきましょう。

① 50より 6おおきい かず　　（　　　　）

② 90より 20ちいさい かず　　（　　　　）

③ 100より 27おおきい かず　　（　　　　）

＼できた度／
☆☆☆☆☆

◯ とけいを　よみましょう。

①

(　　　　　)

②

(　　　　　)

③

(　　　　　)

④

(　　　　　)

⑤

(　　　　　)

⑥

(　　　　　)

＼できた度／

☆☆☆☆☆

ふりかえり⑤

なまえ ＿＿＿＿＿＿ がつ ＿＿ にち

1 りささんの　まえには　7にん、うしろには　3にん　います。
あとから　6にん　きました。
このれつは、みんなで　なんにん　ならんでいますか。

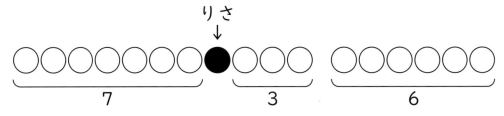

しき

こたえ ＿＿＿＿＿＿＿＿＿＿

2 つぎの　かたちは　◣　の　いろがみが　なんまいで　できて
いますか。

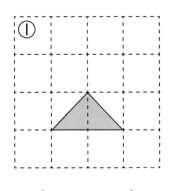

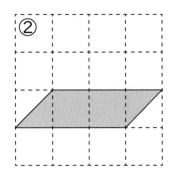

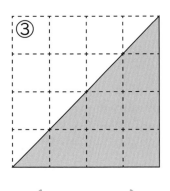

（　　　）　　　（　　　）　　　（　　　）

\できた度/
☆☆☆☆☆

ふりかえり⑥

なまえ _____ がつ ___ にち

1 □に はいる かずを かきましょう。

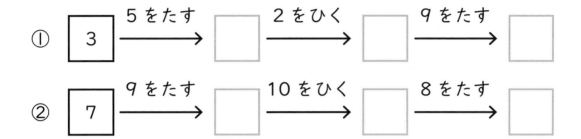

① 3 →(5をたす)→ □ →(2をひく)→ □ →(9をたす)→ □

② 7 →(9をたす)→ □ →(10をひく)→ □ →(8をたす)→ □

2 りんごが 10こ あります。こどもに 1こずつ くばると 6にんぶん たりません。こどもは なんにん いますか。

しき

こたえ _____

3 くじが 35ほん あります。あたりは 7ほんあります。 はずれは なんぼんですか。

しき

こたえ _____

\ できた度 /
☆☆☆☆☆

ふりかえり⑦

がつ　　　　にち

なまえ

○ ちとせさんの　おかあさんは　あんごうが　すきです。
おかしが　ある　ばしょも　あんごうで　おしえてくれます。
きょうも　したの　あんごうが　ありました。
おかしの　ばしょは　どこでしょう。

ちとせへ
きょうの　おかしは

$3+3$　　$1+1$　　$7+6$　　$5+4$

$6+5$　　$3+4$　　$2+6$　　$9+5$

$1+4$　　$8+2$

に　あるよ。

ヒント

1 ＝さ　2 ＝か　3 ＝つ　4 ＝は　5 ＝う
6 ＝に　7 ＝れ　8 ＝び　9 ＝の　10 ＝え
11 ＝て　12 ＝を　13 ＝い　14 ＝の　15 ＝ま

おかしの　ばしょは

答え

P.4～P.9　しょうりゃく

いくつと　いくつ

P.10　チェック

1　① 4　　　② 3　　　③ 5
　　④ 3　　　⑤ 7　　　⑥ 7

2　① 7
　　② 7
　　③ 3
　　④ 9

3　① 2こ
　　② 4こ

4
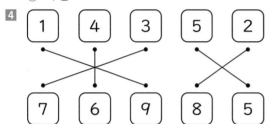

P.12　ホップ

1　① 3　　　② 1　　　③ 4
　　④ 3　　　⑤ 6　　　⑥ 6
　　⑦ 4　　　⑧ 2　　　⑨ 3
　　⑩ 3　　　⑪ 4　　　⑫ 5

2　① 6　　　② 8
　　③ 5　　　④ 9
　　⑤ 7　　　⑥ 8
　　⑦ 9　　　⑧ 9
　　⑨ 7　　　⑩ 3
　　⑪ 10　　　⑫ 10
　　⑬ 10　　　⑭ 10
　　⑮ 3　　　⑯ 6

P.14　ステップ

1　① 3こ
　　② 5こ

2　2と8　3と7　4と6　9と1
　　（じゅんばんは　じゆう）

3
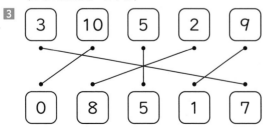

4　① 7にん
　　② 9こ

P.16　たしかめ

1　① 2　　　② 4　　　③ 3
　　④ 4　　　⑤ 7　　　⑥ 5

2　① 8
　　② 9
　　③ 9
　　④ 9

3　① 5こ
　　② 8こ

4
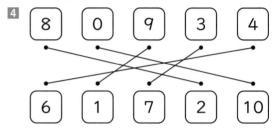

なんばんめ

P.18　チェック

1　①

　　②

　　③

　　④

　　⑤

2　① 3
　　② 1
　　③ 3

3　① 2ばんめ
　　② ぞう

P.20　ホップ

1 ①

②

③

④

⑤

⑥

2 ①

②

③

3 ①

②

P.22　ステップ

1 ①　きつね
②　ねこ

2 ①　2 ばんめ
②　3 ばんめ

3 ①　7 ばんめ
②　3 ばんめ
③　さ
④　く

P.24　たしかめ

1 ①

②

③

④

⑤

2 ①　3
②　5
③　4

3 ①　5 ばんめ
②　きりん

10までの　たしざん

P.26　チェック

1 ①　3

②　5
　　③　7
　　④　8
　　⑤　8
2　①　9
　　②　9
　　③　10
　　④　10
　　⑤　10
3　3 + 7 = 10
　　こたえ　10 わ
4　4 + 2 = 6
　　こたえ　6 ぽん
5　3 + 6 = 9
　　こたえ　9 ひき

P.28　ホップ
1　①　3
　　②　4
　　③　4
　　④　5
　　⑤　6
　　⑥　7
　　⑦　7
　　⑧　9
　　⑨　7
　　⑩　9
2　①　9
　　②　10
　　③　10
　　④　7
　　⑤　9
　　⑥　10
　　⑦　8
　　⑧　9
　　⑨　10
　　⑩　10

P.30　ステップ
1　①　3
　　②　2、3、5
　　③　5
2　2 + 6 = 8
　　こたえ　8 てん
3　5 + 3 = 8

　　こたえ　8 こ
4　5 + 5 = 10
　　こたえ　10 まい
5　2 + 7 = 9
　　こたえ　9 こ

P.32　たしかめ
1　①　6
　　②　9
　　③　8
　　④　9
　　⑤　9
2　①　9
　　②　10
　　③　10
　　④　10
　　⑤　7
3　6 + 3 = 9
　　こたえ　9 わ
4　2 + 4 = 6
　　こたえ　6 ぽん
5　8 + 2 = 10
　　こたえ　10 ぴき

10までの　ひきざん

P.34　チェック
1　①　1
　　②　2
　　③　2
　　④　4
　　⑤　8
　　⑥　1
2　①　9
　　②　7
　　③　6
　　④　10
3　8 − 3 = 5
　　こたえ　5 こ
4　7 − 2 = 5
　　こたえ　やきゅうボールが　5 こ　おおい

P.36　ホップ
1　①　2
　　②　4
　　③　1

④　1
⑤　1
⑥　7
⑦　3
⑧　5
⑨　6
⑩　3

2　①　0
②　0
③　0
④　0
⑤　8
⑥　3
⑦　1
⑧　4
⑨　8
⑩　7

P.38　ステップ

1　6 − 4 = 2
　こたえ　2こ

2　7 − 3 = 4
　こたえ　4さら

3　8 − 5 = 3
　こたえ　いぬ　が　3 びき　おおい

4　9 − 5 = 4
　こたえ　しろ　チームが　4 こ　おおい

P.40　たしかめ

1　①　2
②　4
③　4
④　3
⑤　1
⑥　2

2　①　8
②　5
③　7
④　8

3　10 − 6 = 4
　こたえ　4こ

4　6 − 3 = 3
　こたえ　やきゅう　ボールが　3 こ　おおい

P.42

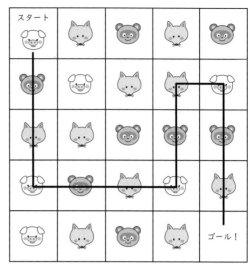

P.43　すすんで　もどって

□　あか　チョコレート
　あお　ドーナツ
　きいろ　ケーキ

おおきさ　くらべ

P.44　チェック

1　①　い
②　あ

2　あ　4
　い　6
　う　5

3　①　い
②　あ

4　①　い　　　②　い
③　あ

P.46　ホップ

1　①　あ　　　②　い
③　たて　　　④　あ

2　①　い
②　い

3　①　あ
②　あ

P.48　ステップ

1　え→い→う→あ

2　あ

3　い

4 ① 14ます

② 16ます

③ ⓘ

5 ① ⓐ

② ⓘ

P.50 たしかめ

1 ① ⓘ　　② ⓐ

2 ① 3こぶん

② 5こぶん

③ 6こぶん

3 ① ⓘ　　② ⓘ

4 ① ⓐ

② ⓐ

③ ⓘ

かずしらべ

P.52 チェック

1 ① 6

② 4

③ 8

④ かい

⑤ えび

2 ①

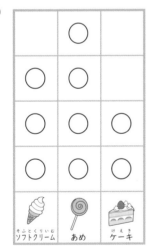

② ケーキ

③ あめ

P.54 ホップ

1 ① 3　　② 4

③ 5　　④ 2

⑤ たまねぎ

2 ①

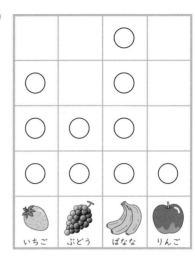

② りんご

③ ばなな

P.56 たしかめ

1 ① 3

② 7

③ 6

④ えび

⑤ かに

2 ①

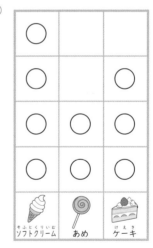

② ソフトクリーム

③ あめ

10より　おおきい　かず

P.58 チェック

1 ①

② 3、13

2 ① 3

② 7

③ 5

3 ① 4

② 7

③ 13

④ 15

⑤ 11

4 ① 11

② 15

③ 17

④ 11

⑤ 18

P.60　ホップ

1 ① 15（こ）

② 18（こ）

③ 19（ほん）

④ 12（こ）

2 ① 2

② 8

③ 5

3 ① 16にん

② 7ばんめ

P.62　ステップ

1 ① 2　　②　4

③ 7　　④　5

⑤ 3　　⑥　1

⑦ 9　　⑧　10

⑨ 16　　⑩　18

⑪ 15　　⑫　12

⑬ 14　　⑭　19

2 ① 18

② 16

③ 17

④ 11

3 ① 14

② 17　19

4 2、7、13、18

P.64　たしかめ

1 ①

（どちらでもよい）

② 8、18

2 ① 6

② 4

③ 9

3 ① 9

② 4

③ 17

④ 11

⑤ 15

4 ① 15

② 17

③ 13

④ 14

⑤ 17

3つの　かずの　けいさん

P.66　チェック

1 ① 9

② 7

③ 7

④ 5

⑤ 1

2 ① 10

② 16

③ 17

④ 10

⑤ 14

3 　5＋2＋1＝8

　こたえ　8こ

4 　6－3＋5＝8

　こたえ　8にん

5 　18－4－3＝11

　こたえ　11こ

P.68　ホップ

1 ① 4

② 9

③ 4

④ 4

⑤ 6

⑥ 7

⑦ 13

⑧ 7

⑨ 5

⑩ 9

2　① 19
　　② 18
　　③ 13
　　④ 11
　　⑤ 10
　　⑥ 10
　　⑦ 15
　　⑧ 7
　　⑨ 20
　　⑩ 13

P.70　ステップ
1　10 ＋ 5 ＋ 4 ＝ 19
　　こたえ　19 ひき
2　10 ＋ 5 － 4 ＝ 11
　　こたえ　11 にん

P.72　たしかめ
1　① 5
　　② 5
　　③ 19
　　④ 14
　　⑤ 11
2　① 5
　　② 17
　　③ 12
　　④ 10
　　⑤ 19
3　2 ＋ 5 ＋ 3 ＝ 10
　　こたえ　10 こ
4　8 － 5 ＋ 7 ＝ 10
　　こたえ　10 にん
5　14 － 4 － 3 ＝ 7
　　こたえ　7 まい

くりあがりのある　たしざん

P.74　チェック
1　① 13
　　② 17
　　③ 12
　　④ 13
　　⑤ 14
2　① 15　　② 15　　③ 11
　　④ 11　　⑤ 11
3　5 ＋ 9 ＝ 14

　　こたえ　14 わ
4　8 ＋ 6 ＝ 14
　　こたえ　14 こ
5　4 ＋ 8 ＝ 12
　　こたえ　12 ほん

P.76　ホップ
1　① 11
　　② 15
　　③ 13
　　④ 11
　　⑤ 16
　　⑥ 12
　　⑦ 12
　　⑧ 13
　　⑨ 12
　　⑩ 14
2　① 18
　　② 13
　　③ 11
　　④ 11
　　⑤ 12
　　⑥ 17
3　① 15　　② 14　　③ 11
　　④ 16　　⑤ 13

P.78　ステップ
1　8 ＋ 3 ＝ 11
　　こたえ　11 こ
2　7 ＋ 9 ＝ 16
　　こたえ　16 ぽん
3　8 ＋ 5 ＝ 13
　　こたえ　13 さつ
4　9 ＋ 3 ＝ 12
　　こたえ　12 まい
5　8 ＋ 7 ＝ 15
　　こたえ　15 ひき
6　9 ＋ 7 ＝ 16
　　こたえ　16 ぽん

P.80　たしかめ
1　① 13
　　② 13
　　③ 11
　　④ 18

⑤　11
2　①　16　　②　14　　③　12
　　④　16　　⑤　13
3　8 ＋ 7 ＝ 15
　　こたえ　15 わ
4　6 ＋ 7 ＝ 13
　　こたえ　13 こ
5　8 ＋ 4 ＝ 12
　　こたえ　12 ほん

かたち

P.82　チェック

1
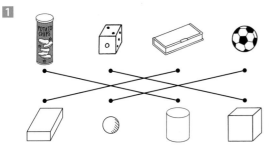

2　い、か
3　①　あ
　　②　い
4　①　4 まい
　　②　3 まい
　　③　10 まい

P.84　ホップ

1
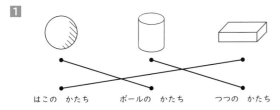
はこの　かたち　　ボールの　かたち　　つつの　かたち

2　①　あ、お
　　②　い、え
　　③　う、か
3　①　い　　　②　あ
　　③　×　　　④　い
　　⑤　う　　　⑥　×
　　⑦　あ　　　⑧　う

P.86　ステップ

1　あ
2　あ、う

3　①　2 まい　　②　2 まい
　　③　8 まい　　④　4 まい
　　⑤　8 まい　　⑥　6 まい

P.88　たしかめ

1
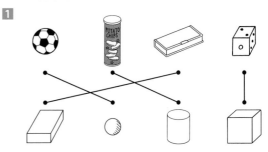

2　あ、う
3　①　あ
　　②　あ
4　①　4 まい
　　②　5 まい
　　③　7 まい

くりさがりのある　ひきざん

P.90　チェック

1　①　5
　　②　7
　　③　7
　　④　9
　　⑤　7
　　⑥　9
　　⑦　9
　　⑧　8
　　⑨　4
　　⑩　6
2　う、お
3　16 － 8 ＝ 8
　　こたえ　8 ぽん
4　13 － 7 ＝ 6
　　こたえ　あかい　りんごが　6 こ　おおい

P.92　ホップ

1　(2)　7
　　(3)　8、8
2　①　4
　　②　2
　　③　7
　　④　9

⑤ 6

3 ① 6

② 9

③ 5

④ 5

⑤ 6

⑥ 3

⑦ 7

⑧ 9

4 う、え

P.94 ステップ

1 ① 11 − 5 = 6

こたえ 6こ

② 10 − 4 = 6

こたえ 6さつ

③ 15 − 7 = 8

こたえ 8こ

2 ① 15 − 8 = 7

こたえ おとうさん が 7 まい おおい

② 13 − 8 = 5

こたえ きんぎょ が 5 ひき おおい

③ 17 − 9 = 8

むし のずかんが 8 さつ おおい

P.96 たしかめ

1 ① 8

② 4

③ 9

④ 7

⑤ 5

⑥ 7

⑦ 6

⑧ 9

⑨ 3

⑩ 8

2 あ、お

3 16 − 7 = 9

こたえ 9ほん

4 15 − 8 = 7

こたえ あかい りんごが 7 こ おおい

おおきい かず

P.98 チェック

1 ① 56

② 80

③ 2、7

2 ① 97

② 100

③ 40

3 ① 70　② 68

4 ① 80　② 40

③ 87　④ 60

5 32 + 4 = 36

こたえ 36こ

6 90 − 50 = 40

こたえ 40えん

P.100 ホップ

1 45

2 ① 52

② 90

③ 7

3 ① 68

② 90、110

③ 52

4 ① 78　② 35

5 ① 90　② 78

③ 47　④ 18

⑤ 28　⑥ 55

⑦ 79　⑧ 98

⑨ 82　⑩ 24

⑪ 54　⑫ 55

⑬ 92　⑭ 75

⑮ 60　⑯ 30

P.102 ステップ

1 ① 30 + 50 = 80

こたえ 80まい

② 60 + 30 = 90

こたえ 90えん

③ 42 + 5 = 47

こたえ 47にん

2 ① 20 − 10 = 10

こたえ 10まい

② 18 − 6 = 12

こたえ 12わ

③ 100 − 80 = 20

こたえ 20えん

P.104　たしかめ

1　① 84

　　② 6

　　③ 7、6

2　① 56

　　② 80

　　③ 60

3　① 76　　② 120

4　① 90　　② 22

　　③ 69　　④ 60

5　90 − 80 = 10

　　こたえ　10 えん

6　63 + 6 = 69

　　こたえ　69 こ

P.106　せんむすび

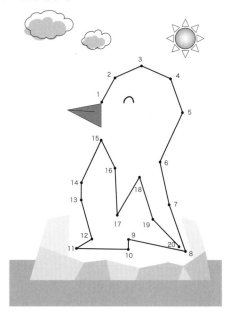

（ペンギン）

P.107　けいさん　めいろ

とけい

P.108　チェック

1　① 1 じ　　② 6 じ

　　③ 10 じ　　④ 12 じ（0 じ）

2　① 4 じはん　　② 6 じはん

3　① 3 じ 5 ふん　　② 4 じ 10 ぷん

　　③ 8 じ 6 ぷん　　④ 11 じ 4 ぷん

4　①

　　②

P.110　ホップ

1

2　① 1 じ　　② 6 じ

3　① 8 じはん　　② 11 じはん

　　③ 1 じはん　　④ 10 じはん

4　①

　　②

P.112 ステップ

1

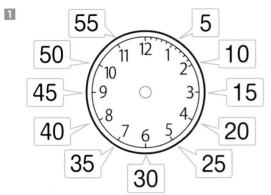

2 しょうりゃく

3 ① 3じ5ふん　② 8じ50ぷん
③ 8じ6ぷん　④ 8じ36ぷん

4 ①

②

P.114 たしかめ

1 ① 7じ　　　② 2じ
③ 8じ　　　④ 5じ

2 ① 9じはん　② 4じはん

3 ① 4じ45ふん　② 7じ15ふん
③ 11じ23ぷん　④ 1じ55ふん

4 ①

②

たすのかな　ひくのかな

P.116 チェック

1 ① 3
② あお　●●●●●●●●
③ しき　5＋3＝8
こたえ　8こ

2 ① 4
② アヒル　●●●●●●
③ しき　10－4＝6
こたえ　6わ

3 ① 4
② いぬ　○○○○○○○○○○
さる　○○○○○○○○○○○○○○
③ しき　10＋4＝14
こたえ　14ひき

4 ① 5
② みかん　○○○○○○○○○○○○○
りんご　○○○○○○○○
③ しき　13－5＝8
こたえ　8こ

P.118 ホップ

1 しき　7＋5＝12
こたえ　12にん

2 しき　5＋8＝13
こたえ　13にん

3 ① 3
② つくえ　○○○○○○○○○
③ しき　12－3＝9
こたえ　9こ

4 ① 4
② くり　○○○○○○○○○○○○○
③ しき　9＋4＝13こ

P.120 ステップ

1 ① あか　○○○○○○○○
しろ　○○○
② しき　8－3＝5
こたえ　3にん

2 ① ケーキ　○○○○○○○○○○
おさら　○○○○○○○○○○○○
② しき　10＋2＝12
こたえ　12まい

3 ① 5
② まさし　○○○○○○○○○○○○○

ちか ○○○○○○○
③ しき 13 − 5 = 8
こたえ 8まい

4 ① 6
② あめ ○○○○○○○○○
ガム ○○○○○○○○○○○○○○○
③ しき 9 + 6 = 15
こたえ 15こ

P.122 たしかめ
1 ① 3
② あお ●●●●●●●●●●●●
③ しき 9 + 3 = 12
こたえ 12こ

2 ① 8
② アヒル ●●●●●●●
③ しき 15 − 8 = 7
こたえ 7わ

3 ① 5
② いぬ ○○○○○
さる ○○○○○○○○○○
③ しき 5 + 5 = 10
こたえ 10ぴき

4 ① 5
② みかん ○○○○○○○○○○○○○○
○○○○○
りんご ○○○○○○○○○○○○○○○○○○○
③ しき 20 − 5 = 15
こたえ 15こ

P.124 ジャンプ
1 ① 16 ② 13
③ 9 ④ 9
⑤ 5 ⑥ 2
⑦ 12 ⑧ 13
⑨ 13 ⑩ 11
2 ① 81 ② 52

P.125 ジャンプ
1 ① 75 ② 85
③ 90 ④ 100
2 ① ⓘ
② よこ

P.126 ジャンプ
1 ① 100 ② 89
③ 90 ④ 62
⑤ 60 ⑥ 92
⑦ 13 ⑧ 24
⑨ 33 ⑩ 40
2 ① 56
② 70
③ 127

P.127 ジャンプ
1 ① 6じ10ぷん ② 10じ41ぷん
③ 5じ30ぷん ④ 1じ45ふん
(5じはん)
⑤ 7じ27ふん ⑥ 11じ11ぷん

P.128 ジャンプ
1 3 + 6 = 9
9 + 7 = 16
16 + 1 = 17
こたえ 17にん
2 ① 2まい ② 6まい ③ 16まい

P.129 ジャンプ
1 ① 8、6、15
② 16、6、14
2 10 + 6 = 16
こたえ 16にん
3 35 − 7 = 28
こたえ 28ぽん

P.130 ジャンプ
6、2、13、9、11、7、8、14、5、10
に か い の て れ び の う え

学力の基礎をきたえどの子も伸ばす研究会

HPアドレス　http://gakuryoku.info/

常任委員長　岸本ひとみ

事務局　〒675-0032 加古川市加古川町備後 178-1-2-102 岸本ひとみ方 ☎-Fax 0794-26-5133

① めざすもの

　私たちは、すべての子どもたちが、日本国憲法と子どもの権利条約の精神に基づき、確かな学力の形成を通して豊かな人格の発達が保障され、民主平和の日本の主権者として成長することを願っています。しかし、発達の基礎ともいうべき学力の基礎を鍛えられないまま落ちこぼれている子どもたちが普遍化し、「荒れ」の情況があちこちで出てきています。

　私たちは、「見える学力、見えない学力」を共に養うこと、すなわち、基礎の学習をやり遂げさせることと、読書やいろいろな体験を積むことを通して、子どもたちが「自信と誇りとやる気」を持てるようになると考えています。

　私たちは、人格の発達が歪められている情況の中で、それを克服し、子どもたちが豊かに成長するような実践に挑戦します。

　そのために、つぎのような研究と活動を進めていきます。

　　① 「読み・書き・計算」を基軸とした学力の基礎をきたえる実践の創造と普及。
　　② 豊かで確かな学力づくりと子どもを励ます指導と評価の研究。
　　③ 特別な力量や経験がなくても、その気になれば「いつでも・どこでも・だれでも」ができる実践の普及。
　　④ 子どもの発達を軸とした父母・国民・他の民間教育団体との協力、共同。

　私たちの実践が、大多数の教職員や父母・国民の方々に支持され、大きな教育運動になるような地道な努力を継続していきます。

② 会　　員

　・本会の「めざすもの」を認め、会費を納入する人は、会員になることができる。
　・会費は、年4000円とし、7月末までに納入すること。①または②

| ①郵便番号　口座振込　00920-9-319769　　名　称　学力の基礎をきたえどの子も伸ばす研究会 | ②ゆうちょ銀行　店番099　店名〇九九店　当座0319769 |

　・特典　研究会をする場合、講師派遣の補助を受けることができる。
　　　　　大会参加費の割引を受けることができる。
　　　　　学力研ニュース、研究会などの案内を無料で送付してもらうことができる。
　　　　　自分の実践を学力研ニュースなどに発表することができる。
　　　　　研究の部会を作り、会場費などの補助を受けることができる。
　　　　　地域サークルを作り、会場費の補助を受けることができる。

③ 活　　動

　全国家庭塾連絡会と協力して以下の活動を行う。

　・全 国 大 会　全国の研究、実践の交流、深化をはかる場とし、年1回開催する。通常、夏に行う。
　・地域別集会　地域の研究、実践の交流、深化をはかる場とし、年1回開催する。
　・合宿研究会　研究、実践をさらに深化するために行う。
　・地域サークル　日常の研究、実践の交流、深化の場であり、本会の基本活動である。
　　　　　　　　　可能な限り月1回の月例会を行う。
　・全国キャラバン　地域の要請に基づいて講師派遣をする。

全 国 家 庭 塾 連 絡 会

① めざすもの

　私たちは、日本国憲法と教育基本法の精神に基づき、すべての子どもたちが確かな学力と豊かな人格を身につけて、わが国の主権者として成長することを願っています。しかし、わが子も含めて、能力があるにもかかわらず、必要な学力が身につかないままになっている子どもたちがたくさんいることに心を痛めています。

　私たちは学力研が追究している教育活動に学びながら、「全国家庭塾連絡会」を結成しました。

　この会は、わが子に家庭学習の習慣化を促すことを主な活動内容とする家庭塾運動の交流と普及を目的としています。

　私たちの試みが、多くの父母や教職員、市民の方々に支持され、地域に根ざした大きな運動になるよう学力研と連携しながら努力を継続していきます。

② 会　　員

　本会の「めざすもの」を認め、会費を納入する人は会員になれる。
　会費は年額1500円とし（団体加入は年額3000円）、8月末までに納入する。
　会員は会報や連絡交流会の案内、学力研集会の情報などをもらえる。

| 事務局　〒564-0041 大阪府吹田市泉町4-29-13 影浦邦子方 ☎-Fax 06-6380-0420 |
| 郵便振替　口座番号　00900-1-109969　　名称　全国家庭塾連絡会 |

ぎゃくてん！ 算数ドリル　小学1年生

2022年4月20日　発行

●著者／島本 政志
●発行者／面屋 尚志
●発行所／フォーラム・A
　〒530-0056 大阪市北区兎我野町15-13-305
　TEL／06-6365-5606　FAX／06-6365-5607
　振替／00970-3-127184

●印刷・製本／株式会社 光邦
●デザイン／有限会社ウエナカデザイン事務所
●制作担当編集／藤原 幸祐
●企画／清風堂書店
●HP／http://foruma.co.jp/

※乱丁・落丁本はおとりかえいたします。